KB001318

학원비
0원으로
우리 아이
서울대
보내는 노하우

학원비
0원으로
우리 아이
서울대
보내는 노하우

1판 1쇄 펴낸날 2023년 7월 21일

지은이 허신철
펴낸이 나성원
펴낸곳 나비의활주로

책임편집 김정웅
디자인 BIG WAVE

주소 서울시 성북구 아리랑로19길 86
전화 070-7643-7272
팩스 02-6499-0595
전자우편 butterflyrun@naver.com
출판등록 제2010-000138호
상표등록 제40-1362154호
ISBN 979-11-93110-07-2 03590

공부원동력연구소 허신철 대표가 전하는
'엄마표 홈스쿨링'의 모든 것!

학원비 0원으로 우리 아이 서울대 보내는 노하우

허신철 지음

나비의 활주로

PROLOGUE

어느 날 다은이 어머니께서 내게 전화를 주셨다.

"다은이가 요즘 저랑 대화가 전혀 되지 않아서요. 혹시 학교에서나 집에서 무슨 문제가 있거나 고민이 있다고 하나요?"

순간 너무 안타까웠다. 하지만 다은이만의 문제가 아니었다.

"어머님, 다은이가 이런 부분에서 힘들어하고 있고, 이렇게 생각하고 있습니다. 다은이와 이야기를 잘해서 서로 맞춰 가는 것이 어떨까요?"

하지만 항상 기대와는 다른 대답이 왔다.

"저도 노력을 많이 해 보았는데요. 다은이가 사춘기가 돼서 요즘 반항을 많이 하고, 짜증만 내고 화만 내요. 원장님만 믿고 있습니다. 잘 부탁드려요. 항상 감사합니다."

이미 너무 늦었다고 생각하고, 포기한 것이다. 얼마나 안타까운 일인가?

'문제가 생기기 전에 미리 대비했다면 이런 일이 없을 텐데….'

꿈과 목표가 없었던 한 모범생

나는 중학교 때까지 전교 1등만 하는 엘리트였다. 하지만 부모님의 욕심은 끝이 없었다.

"옆 학교 전교 1등인 지호는 이번에도 올 백 맞았다더라. 지호는 수학도 영어도 벌써 고등학교 진도를 거의 다 나갔다는데 너는 뭐 하고 있어?"

"엄마, 저도 공부 열심히 하고 있어요. 그리고 시험도 잘 보고 있잖아요."

"지금 점수 잘 나오면 뭐 해. 고등학교 진도를 미리 나가놔야 대학도 잘 가고, 인생이 편해지지. 게임 하지 말고, 공부를 좀 더 열심히 해."

억울했다. 1등을 해도 칭찬받기 힘든 환경에서 자랐다. 항상 비교당하며 살아왔고, 칭찬에 목말랐다. 아무리 열심히 해도, 전교 1등이어도, 어머니는 귀신같이 나보다 잘하는 사람을 찾아서 비교를 하시곤 했다. 그저 공부를 잘하는 것, 성적을 올리는 것이 목표가 돼버리고 말았다.

그러던 와중에 고등학교에 올라가고, 고3이 되자 갑자기 자유가 주어졌다. 공부만 해야 하는 건 변함이 없었지만 고3인 내게 아무도 스트레스를 주지 않았다. 매일 구속받으며 살던 내게, 인생 처음으로 자유가 주어진 것이다.

억압받으며 살던 모범생에게 갑작스러운 자유가 주어진다면?

스스로 무언가를 해 본 적이 없었기에 무엇을 해야 할지 몰랐다. 스스로를 통제할 수 있는 능력도 없었다. 결국 고삐 풀린 망아지가 되어버렸다. 학창 시절 내내 모범생으로만 살던 내가, 정작 가장 중요한 시기에 방황하게 된 것이다.

게임 중독. 말로만 듣던 그것이 나에게 찾아왔다. 처음에는 한 시간만 하기로 계획했고, 지켜지는 듯했다. 하지만 공부 스트레스가 극에 달할 때쯤, 스트레스 해소를 명분으로 시간이 점점 늘어갔다. 스스로 통제 능력이 없다는 것이 얼마나 위험한지 그때는 몰랐다.

결과는 처참했다. 결국 원하는 대학에 가지 못했고, 재수를 선택하게 되었다. 하지만 모든 것이 때가 있듯이 이번에도 원하는 결과를 얻지 못했다. 결국 다시 공부해서 지방에 있는 의대를 입학하게 되었다.

의사를 포기하고 아이들의 인생을 바꾸는 길

친구가 나에게 물었다.

"너는 왜 의사가 하고 싶은 거야?"

나는 당황했다. 의사가 되고 싶은 이유가 없어서였다. 잠시 망설이다 대답했다.

"그동안 공부한 게 아까워서… 그냥 성적에 맞춰서 간 거야. 남들이 좋다고 하고, 돈 잘 번다고 해서 의사 해 보려고."

말하면서도 정말 뜨끔했다. 그동안 무엇을 위해 공부해왔던 것인가? 딱히 이유가 없던 내게는 의사가 되기 위한 공부가 너무나도 힘들었다. 의사가 되기 위한 공부는 힘들었지만, 아르바이트로 했던 과외는 의외로 재미가 있었다. 나름 실력도 있었는지 입소문이 나서 많은 아이들을 가르칠 수 있게 되었다.

그 당시 내 과외 학생이었던 정현이가 물어보았다.

"선생님한테 배우니까 이해도 정말 잘 돼요. 똑똑하고 정말 멋있는 것 같아요. 어떻게 하면 선생님처럼 될 수 있어요?"

사실 누군가 나처럼 되고 싶다는 이야기를 처음 들었다. 그동안 내가 어떻게 해왔는지 생각해 본 적이 별로 없었다.

"선생님은 어릴 때부터 친구들한테 설명을 많이 했고, 그게 도움이 많이 되었던 것 같아."

생각해보니 어렸을 때부터 설명하는 습관이 있었다. 공부를 강제로 했고, 머리도 평범했던 내가 수학을, 공부를 잘할 수 있었던 이유였다. 그리고 이 방법으로 내가 이 학생의 인생을 바꾸어 줄 수 있을 것만 같았다. 처음으로 인생의 보람을 느꼈다.

'내가 지금까지 공부했던 이유가 이것이었구나. 나는 아이들을 가르치고 변화시키는 것을 잘하는구나!'

드디어 적성을 찾은 것 같았다. 하지만 학과 성적은 점점 더 엉망이 되었고, 성적을 보신 어머니께서 과외를 탐탁지 않아 하셨다.

"과외는 대학생 때 용돈 벌이로만 하는 거 알지? 이제 과외 그만하고 공부에 집중해."

하지만 아이들 가르치는 것이 행복했다. 졸업하면서 부모님께 의사를 포기하고 아이들 가르치는 일을 하겠다고 선언했다. 친구들에게도 얘기했지만 10명이면 10명 모두 같은 반응이었다.

"도대체 왜? 남들은 의사 되고 싶어서 난리인데. 그럴 거면 뭐 하러 이렇게 열심히 공부했어?"

집안도 난리가 났다. 당시 직업 선호도 1~2위에 있던 의사를 포기하고, 불안정한 학원 강사가 되기로 했기 때문이다. 그간 나는 남들의 시선 때문에, 진짜 하고 싶은 일을 하지 못했었다. 하지만 이제는 남들에게 보이는 인생이 아닌, 진짜 내 인생을 살고 싶었다. 내 심장이 말하고 있었다. 이거다! 학생들을 가르치는 일을 해야 한다!

다 뜯어고쳐야 한다

'내가 하고 싶은 일인데, 주변에서 전부 반대하네. 나는 잘할 수 있는데.'

대한민국 사회가 낳은 잘못된 문화, 인생을 점수로 판단하는 세상, 잘못된 것들이 한둘이 아니었다. 주위의 반대 때문에 더 열심히 했다. 그들에게 내가 올바른 판단을 했다는 것을 보여주고 싶었다. 뚝심으로 하고 싶은 것들을 하나하나 실행해 나갔고, 결국 얼마 되지 않아 학원을 차리게 되었다.

학원이 어느 정도 잘되자 그제야 주변의 반응이 조금씩 바뀌기 시작했다.

"잘될 줄 알고 있었어. 예전에는 안 좋게 말해서 미안해. 다 너를 위한 말이었어."

정말 안타까웠다.

'처음부터 응원해 줄 수는 없었던 것일까?'

이 감정을 잊을 수가 없다. 그런데 더욱 안타까운 일이 있다.

민재가 상담할 때 울먹이며 말했다.

"저는 그림 그리는 것을 잘해서 미대에 가고 싶은데, 엄마가 공부해서 의사 하래요."

민재에게 내 인생 이야기를 해 주었다.

"선생님은 중요한 시기에 제대로 판단하지 못해서, 몇 년을 돌고 돌아서 이제야 하고 싶은 일을 하는 거야. 정말 절실하다는 것을 보여주면 엄마도 이해해 주실 거야."

일단 민재에게 수도권에 있는 미대 입시 정보를 조사하게 했고, 어떻게 해야 갈 수 있는지 스스로 알아보게 했다. 그리고 갈 수 있는 방법과 성적은 얼마나 맞아야 하는지 같이 의논해 주었다. 결국 민재는 몇 년 후 원하는 대학교로 진학할 수 있었다.

'이 맛에 학원 하는구나! 아이들 가르치는구나!'

나는 현재 15년동안 아이들을 가르치고 있다. 그리고 최근 8년은 수학 학원 원장으로 2개의 학원을 운영하고 있다.

우리나라 사교육은 전 세계적으로 보아도 어마어마하다. 하지만 그 사교육으로 인해 생긴 부작용이 내 눈에는 너무 선명하게 보였다. 내가 학원을 운영하다 보니 더욱 선명하고 또렷해졌다.

'왜 학원에 맡겨만 놓고 직접 관리는 하지 않을까?'

'왜 자녀들과 직접적으로 부딪히는 것을 피할까?'

'왜 그들은 포기할 수밖에 없었던 것일까?'

결심하는 순간 아이의 인생이 바뀐다

누군가가 암에 걸렸다고 생각해보자. 과연 우리는 얼마의 시간이 지났을 때 알아차릴 수 있을까? 검진을 통해 미리 알게 되기도 하지만, 보통은 심각한 증세가 나타나고 돌이킬 수 없을 때가 되어야 알게 될 확률이 높다고 한다.

과연 이 기간 동안 신호가 없었을까? 분명 무수히 많은 신호가 있었을 것이다. 대부분은 우리가 알면서도 무시하거나, 대수롭지 않게 생각했을 뿐이다. 처음 신호가 왔을 때 제대로 된 방법으로 대처했다면, 과연 암이 이렇게까지 퍼져서 힘들었을까?

정기검진을 받아야 하는 이유도 마찬가지이다. 미리 대비해 놓아야 문제가 생겼을 때 대책이 생기고, 병을 더 키우지 않을 수 있다. 심하게 아파서 병원에 가고, "암 말기입니다."라는 이야기를 들을 때까지는 왜 방치하는 걸까? 분명 미리 알았다면 초기에 해결할 수 있었을 텐데 말이다.

나는 '공부원동력연구소'라는 기관을 운영하고 있다. 수천 명의 학부모와 상담을 하고 이야기를 나누어 보았지만, 대부분이 문제점을 알고도 바꿔볼 생각도 없이 전문가라고 생각하는 선생님들에게 맡긴다. 나는 항상 이야기한다.

"어머님 지금 아이는 이런 생각을 하고 있습니다. 이 부분은 어머님께서도 같이 고민하시고 아이 입장에서도 생각해주시는 것이 좋을 것 같습니다."

하지만 90% 이상의 학부모들은 바뀌려 하지 않는다.

'어떻게 하면 이런 문제가 생기지 않게 도와드릴 수 있을까?'

학원을 하면서도 다양한 시도를 해 보았고, 나름의 결론을 내렸다.

'아, 학원에 보내는 학부모들은 대부분 돈으로 아이를 교육하려고 이미 마음먹은 분들이구나!'

대화해보고 싶지만 생각처럼 되지 않는 것이다. 대화를 시도하면 싸움만 생기게 되는 현실에 좌절했다. 관심이 없는 것이 아니라, 이미 너무 멀어져서 이도 저도 못 하는 상황이 되고, 포기한 분들이 대부분이었다.

그렇다면 이런 상황을 미리 알고 대비한다면?

처음부터 제대로 된 방법으로 아이들을 교육한다면?

아이가 스스로 공부할 수 있도록 도와줄 수 있다면?

아이가 목표를 가지고, 달성하기 위해 스스로 노력한다면 얼마나 행복할까?

과연 이것이 불가능한 일인 것일까?

그래서 결심했다.

'아! 내가 직접 부모님들 교육을 해 드리자. 대한민국 어디에도 없던 수업을 최초로 시도해보자. 자녀교육에 관심이 많은 분들께 제대로 된 방법을 알려드리고 성공할 수 있도록 도와드리자! 아이의 인생을 바꾸고 싶은 분들께 정말로 그 기쁨을 누리게 해 드리자!'

실제로 정말 많은 수업을 통해 아이들의 인생을 바꿔주었다.

'족집게 같은 편법 말고, 정말 근본부터 파고들어서 뿌리 자체를 바꿔버리자.'

이 신념이 많은 분들께 감동을 드렸고, 적극적으로 제 이야기에 관심을 기울여 주시고, 실행해 주셨다. 지금은 아이가 스스로 공부하는 방법을 깨우쳐서 알아서 공부하고 있다. 조금만 관심 가지면 누구나 할 수 있는 일을, 방법을 몰라서, 의지가 없어서 못 하고 있던 것들을 다 이루어 드렸다. 한 번 성공해본 사람들은 그 기억을 평생 잊지 못한다고 한다. 우리 모두 자녀 교육에 성공해서 평생 잊지 못할 기억을 만들어 보았으면 좋겠다.

CONTENTS

01

CHAPTER

우리는
자격이 있는가?

아이가 스스로 공부하면 무슨 일이 일어날까?

대한민국 학부모라면 모두가 가지는 로망이 있다.

우리 아이가 스스로 공부를 잘한다면 얼마나 좋을까?

누구네 집 아들은 공부를 시키지도 않았는데 알아서 공부해서 서울대 갔다는데 우리 아이도 그렇게 되면 얼마나 좋을까?

우리 아이가 좋은 대학 가서 돈 많이 벌면서 살면 얼마나 좋을까?

우리 아이를 위해서라면 뭐든 할 수 있을 텐데….

우리의 실제 모습은 어떤가? 고등학교 2학년인 영훈이는 꼭 엄마가 소리를 질러야만 일어난다. 공부를 하라고 잔소리해야지만 마지못해 끄적끄적하는 척한다.

"어휴! 누굴 닮아서 이러는지… 옆집 현수는 새벽 늦게까지 공부하고도, 일찍 일어나서 엄마를 깨운다던데. 너는 하나부터 열까지 잔소리를 안 할 수가 있어야지."

영훈이도 중학교 때까지는 공부를 정말 잘했다. 반에서는 1~2등, 전교에서는 10등 안에 들 정도였다. 하지만 고등학교에 올라오면서 반에서 10등, 전교 100등 안에도 못 드는 성적이 되었다. 학년이 올라가면서 자연스럽게 좋은 대학에 간다는 희망이 줄어들고 있었다.

영훈이 엄마도 한때는 영훈이를 위해서라면 뭐든 할 수 있는 사람이었다. 하지만 지금은 현실에 치여 대화조차 단절되어 있었다.

영훈이에게 물어보았다.

"언제부터 엄마와 사이가 멀어졌니?"

잠시 고민하더니 영훈이가 말했다.

"사실 초등학교 때부터 친구랑 비교하고, 잔소리를 너무 많이 해서 엄마랑 사이가 좋지 않았어요. 그래서 잔소리 듣지 않으려고 중학교 때까지는 억지로 공부를 열심히 했어요."

이야기를 충분히 들어주고 나서 다시 물어보았다.

"그래서 억지로 공부하니까 어땠어?"

"단순히 점수만 잘 받으려고 하다 보니 이해되지 않는 것들은 다 외워 버렸어요. 그런데 학년이 올라갈수록 점점 암기할 것이 많아지더라고요. 공부해도 더 이상 오르지 않는 현실에 자괴감을 느끼고, 점점 희망도 사라지고, 자존감도 낮아졌어요."

이미 늦어버렸다는 것을 스스로 깨닫고 울먹이는 영훈이를 보니 정말 마음이 아팠다.

영훈이는 원래 고등학교 들어올 때 목표가 서울대였다. 하지만 그동안 억지로 공부해 왔기에, 성적은 자꾸 떨어졌고, 지금은 인서울도 힘든 상황이었다.

안타까운 마음에 영훈이 어머니와 통화를 했다.

"영훈이가 원래는 살갑고 대화도 많이 하던 아이였는데, 초등학교 5학년 때부터 변하더니 중학교 2학년 때부터 완전히 변해버렸어요. 영훈이한테 이번 시험 왜 이렇게 못 봤어? 이래서 서울대 갈 수 있겠어? 이런 식으로 이야기했던 기억이 나요. 그랬더니 영훈이가 '제가 알아서 할게요.' 하면서 방문을 닫고 들어가 버렸어요. 그 뒤부터 대화를 거의 못 했던 것 같아요."

한참을 대화를 나누던 중 영훈이 어머니가 울먹이며 말씀하셨다.

"영훈이 동생이 두 명이 더 있어요. 나이 차이가 조금 나다 보니 어린 동생들 챙기느라고 영훈이 신경을 잘 못 쓰게 되었네요…. 이제야 조금 챙겨줄 여유가 생겼는데, 영훈이가 오랫동안 엄마한테 상처받고, 학원만 다니면서 잘못된 방법으로 공부한 것 같아서 후회돼요."

영훈이 동생은 초등학교 4학년 영준이, 초등학교 2학년 영은이였다.

"영준이, 영은이라도 정말 열심히 교육해 보고 싶어요."

정말 간절해 보였다.

"영훈 어머니, 직접 영준이, 영은이 교육을 할 수 있다면 어떤 일이 벌어질까요?"

영훈이 어머니는 고개를 절레절레하며 조금 망설이다가 대답했다.

"저는 어렸을 때 공부도 잘하지 못했고, 영훈이 때처럼 자꾸 싸우게 돼요."

"그동안 방법을 몰랐을 뿐, 어머니와 영훈이 잘못이 아니에요. 방법을 배우고, 아이의 인생을 바꾸기 위해서 노력한다면, 충분히 가능해요. 다시 한번 여쭤볼게요. 직접 영준이, 영은이 교육을 한다면 어떤 일이 벌어질까요?"

영훈이 어머니는 잠시 행복 회로를 돌리며 대답했다.

"일단… 저와 아이들이 대화가 많아져서 집안이 화목해지지 않을까요?"

"네. 맞아요. 한번 생각해 보세요. 영훈이와 대화가 언제부터 단절된 것 같으세요? 혹시 공부 이야기만 나오면 대화가 끊기지 않나요? 학년이 올라가면서 점점 엄마보다 친구에게 의지하지 않았나요?"

"맞는 것 같아요. 초등학교 때부터 공부 이야기만 나오면 화를 내고 문 닫고 들어가 버려요."

"이 모든 것을 한 번에 해결해 줄 수 있는 것이 능동적인 공부 태도예요. 영훈이 입장에서 한번 생각해 보세요. 모든 아이는 기본적으로 칭찬받고 싶은 욕구, 인정받고 싶은 욕구가 있어요. 영훈이도 나름 억울할 거예요. 초등학교 중학교 초반까지만 해도 칭찬도 많이 들었었는데, 중학교 2학년 시험 성적이 떨어지고 나서는 '너 왜 공부 안 하고 성적이 떨어지냐'는 이야기만 들으니, 엄마와 이야기하는 것이 즐겁지 않았을 수도 있었을 것 같아요. 영훈이도 어머니께 인정받고 싶어서 더 열심히 한 적도 있었을 거예요. 하지만 생각처럼 잘 안되었을 것입니다. 학원에 가서 공부하더라도 그냥 멍하니 앉아만 있다가 오는 날이 대부분이고, 혼자서 공부하려니 내용도 모르겠고, 부모님과 선생님은 숙제하라고만 합니다. 이런 과정에서 아이들은 대부분 공부에 흥미를 잃게 돼요. 칭찬 듣고 인정받고 싶어서 열심히 해 보려 했는데 결국에는 잔소리만 돌아온 것입니다. 당연히 재미가 없고, 그 스트레스를 학교 친구들과 풀게 되겠죠. 점점 친구에 대한 의존도는 높아져만 갈 것이고, 부모님과의 거리는 멀어지게 된 것이죠."

어느 순간 영훈이 어머니는 훌쩍이고 있었다.

"영훈이한테 정말 미안하네요. 진작 알아주었어야 했는데요…."

어머니를 잠시 진정시켜 드린 후 이어서 설명해 드렸다.

"영훈이가 어머니와 왜 멀어지고 있는지, 속마음이 어떤지, 어떤 것을 바라는지 정확히 알고 이것을 동생들에게 적용한다면 같은 실수를 하지 않을 수 있습니다. 공부 문제에서 부딪히지 않는다면, 아이들도 어머니와의 대화를 피할 이유가 없는 것이죠. 오히려 더 적극적으로 이야기하고 대화하게 될 것입니다. 그리고 스스로 공부하게 하는 과정에서 많은 대화를 시도하고, 아이가 직접 엄마에게 이야기하고, 엄마는 설명하도록 준비를 시킬 것이기 때문에 아이들에게 엄마는 의지하고 싶은 사람, 잘 보이고 싶은 사람이 되는 것이죠."

영훈이 어머니는 무엇인가 크게 깨우친 듯했다.

"아! 그렇게만 되면 정말 좋겠어요!"

"이제 시작인걸요. 학원 보내지 않고 영준이, 영은이를 직접 교육할 수 있으면 경제적으로는 어떤 부분이 좋아질까요?"

"당연히, 교육비가 절감되지 않을까요? 학원을 다니는 것이 아니라 인강을 듣고, 집에서 공부하니까요. 아이들이 스스로 공부할 수 있도록 제가 직접 도와줄 수 있으면 사교육이 필요 없을 것 같아요."

"맞아요. 스스로 공부하는 학생은 강제성이 없어도 공부해야 하는 이유와 명확한 목표가 있습니다. 반면에 억지로 공부하는 학생은 학원이나 과외의 도움 없이는 공부를 계속해 나가기 어렵죠. 이 작은 차이 때문에 3년 후 영훈이가 어떻게 바뀌었죠?"

"공부에도 흥미를 잃었고, 엄마와의 거리도 멀어졌어요."

"처음부터 사교육에 의존했던 학생은 학원이나 과외를 그만두는 순간, 공부하는 방법 자체를 모르기 때문에 바로 성적이 떨어지고, 공부에 흥미를 잃습니다. 정말 안타깝게도 이 상황이 되면 우리들은 아이에게 해 줄 수 있는 것이 아무것도 없게 되죠. 대화도 이미 단절되었고, 아이는 이미 우리의 실력을 의심하고 무시하고 있을 것입니다. 이런 모습을 본 엄마는 어떻게 하게 될까요? 결국 우리 먹을 것까지 아껴 가며, 투잡 쓰리잡 하면서 다시 학원으로 보내게 됩니다. 결국 아이 교육을 위해 열심히 돈을 벌고 아이를 학원에 보냈지만 아이와 멀어지기만 하고 우리의 인생도 고달파지는 것이죠. 스스로 공부했던 학생은 시작은 조금 느리거나, 사교육을 하는 아이보다 성적이 낮게 나올 수 있습니다. 하지만 스스로 공부해야 하는 이유와 목표가 있고, 방법을 알기 때문에 포기하지 않고 끝까지 열심히, 즐겁게 공부하죠. 아이가 스스로 공부하는 것 자체만으로도 단순히 학원비를 아끼는 것뿐 아니라 사교육에 쓸 돈을 벌어다 주는 것과 같은 효과를 가지게 되는 것입니다."

영훈이 어머님이 기분 좋게 웃으며 말했다.

"와… 대단하네요. 그럼 아이가 알아서 스스로 공부할 수 있는 능력도 생기겠네요. 상상만 해도 정말 좋네요!"

"사실상 여기까지 왔다면, 90% 이상 성공입니다. 어렸을 때부터 부모님의 지도하에 스스로 공부하는 방법을 연습했다면, 어느 순간부터는 부모님이 특별히 신경 쓰지 않아도 우리 아이는 스스로 공부할 수 있는 능력이 생기게 됩니다. 물론 이 정도가 되기까지 큰 노력과 시행착오가 있었을 수도 있지만, 이때부터는 딱히 공부하라고 하지 않아도 목표를 가지고 공부를 하게 됩니다. 이 순간을 위해 그동안 고생해서 스스로 공부할 수 있도록 훈련을 시킨 것입니다. 스스로 공부할 수 있다면 어떻게 될까요? 직접 설명하는 방법으로 훈련해 왔고, 이해도 잘 되어 있고, 흥미도 있어요. 이런 학생이 중학교 고등학교 가서 공부를 못할 수 있을까요? 항상 상위권에 있게 될 것입니다. 그리고 당연히 수능 성적도 잘 맞게 되지 않을까요?"

"그러게요. 되기만 한다면 좋은 대학에 들어갈 수도 있고, 좋은 회사에 취업할 수도 있겠네요. 영훈이 아빠가 대기업 다녀서 잘 알고 있는데, 초봉이 500~600만 원 정도 한다고 하더군요. 중소기업에 들어가면 200~300

만 원이라는데 그 차이면 1년에 3,000~4,000만 원 차이이고, 3년이면 1억이나 차이가 나게 되네요. 평생이라고 생각하면… 어휴. 수도권에 아파트 하나가 더 있냐 없냐의 차이네요."

"잘 알고 계시네요. 그렇게 되면 어머님의 삶이 완전히 달라지겠죠?"

"네. 노후가 보장되겠네요. 요즘은 자녀들이 30~40대가 되어도 부모님 손을 빌려야 아파트 전세라도 들어갈 수 있다던데요. 3년에 1억 정도의 돈을 더 번다면, 상대적으로 부모님께 손을 벌릴 일도 줄어들게 될 것이고, 그만큼 우리들의 노후가 보장될 것 같아요."

"맞아요! 방금 직접 말씀하신 다섯 가지 장점들은 서로 연결된 것이고, 우리가 아이들의 공부를 직접 지도할 수 있게 되었을 때 벌어지는 일입니다. 더 이상은 상상만으로 끝나는 것이 아니라, 이것들이 모두 현실이 될 수 있다는 것을 알아 두셨으면 좋겠어요."

엄마는 준비되어 있는가?

영훈이 어머니는 상상만으로도 희망에 가득 차 있었다. 사실 한순간에 이런 상상을 할 정도로 되었던 것은 아니다. 만약 처음부터 제대로 준비했다면 영훈이도 스스로, 즐겁게 공부할 수 있었을 것이다. 도대체 무엇이 영훈이 어머니의 생각을 바꿨고, 어떤 준비를 하셨던 것일까?

많은 부모님들은 아이들이 공부를 열심히 하지 않아 성적이 떨어지거나 잘 나오지 않는다고 생각한다. 하지만 절대 그렇지 않다. 사실 아이가 스스로 공부할 수 있도록 만드는 데는 부모님의 역할이 훨씬 더 크다.

과연 영훈이 혼자만의 잘못으로 공부를 멀리하게 된 것일까? 부모님뿐 아니라 모든 상황들이 영훈이가 공부하지 못하는 상황을 만들었다. 영훈이 어머니는 여기까지 깨닫는 데도 꽤 오랜 시간이 걸렸다.

앞에서 말했듯이 영훈이는 원래 대화도 많이 하고, 살가운 아이였다.

하지만 부모님의 사랑과 관심이 절실했던 시기에 관심 대신 비교를 당했고, 사랑 대신 훈계를 들었고, 당장의 관심사 대신에 까마득하게 먼 미래의 이야기를 들었다.

이런 상황에서 공부를 제대로 한다는 것 자체가 정말 힘든 일이다. 위로와 관심을 받고 사랑을 받아도 힘든데 더 힘든 일을 겪은 것이다. 더 큰 문제가 있었다. 영훈이 어머니는 항상 잘하고 있는 줄 알았다고 했다. 우리나라 많은 엄마들의 착각이다. 상담을 하다 보면 엄마들에게 이런 이야기를 정말 많이 듣는다.

"나는 정말 열심히 했어요. 아이가 따라주지 않아요."

"우리는 정말 힘들게 공부시키고 있는데 아이가 공부에 흥미가 없어요."

"지금까지 열심히 노력했지만, 아이와 멀어져서 이제 어떻게 할 방법이 없어요."

"먹을 것 아껴가면서 학원 보내고 공부시켰는데, 몇 년간 앉아만 있다가 왔다고 하더라고요."

이런 이야기들의 공통점이 있다. 나는 잘하고 있지만, 아이의 문제다. 나는 아이가 잘되게 뒷바라지하느라 인생을 바쳤다. 전부 본인은 희생자이고, 잘못된 원인은 아이에게 있다고 한다.

과연 우리의 생각처럼 아이의 잘못일까? 우리는 잘한 것일까?

실제로 우리 아이들의 생각은 어떨까?

몇 달 전에 영훈이와 이야기해보았다.

"영훈아, 요즘 공부하기 힘들어하는 것 같은데 무슨 일 있니?"

"요즘 하는 고민은 아니고, 항상 그래 왔어요. 저는 능력이 되지 않는데 엄마는 바라는 게 많아요. 그동안 기댈 데도 없고, 집에서도 대화가 안 되고 많이 힘들었어요."

"혹시, 엄마와 대화하려고 노력은 해 봤어? 엄마가 왜 그렇게 말씀하시는지 이야기는 해 봤는지 궁금하네."

"당연히 제 나름대로는 노력 많이 해 봤죠. 그런데 엄마는 별 관심이 없었어요. 기껏 한다는 이야기가 맨날 주변 친구들이랑 비교만 해요. 누구는 이번에 100점을 맞았다더라. 전교 몇 등을 했다더라. 이런 이야기들뿐이에요. 그러면서 맨날 하는 이야기가 엄마가 학원비로 쓴 돈이 얼마인데, 공부시키느라고 얼마나 힘든데 이런 말씀만 하세요."

"많이 힘들었겠네… 엄마도 영훈이가 잘되었으면 해서 그렇게 말씀하셨을 거야. 힘들더라도 조금만 더 힘내보자."

영훈이는 조금 서러웠는지, 물어보지도 않은 이야기들을 줄줄이 하기 시작했다.

"오래전 일이긴 한데, 한번은 제가 수학 점수가 90점이 나와서 기쁜 마음에 엄마한테 자랑을 했어요. 그런데 엄마의 반응은 예상과는 너무 달랐어요. 칭찬받을 줄 알고 기쁘게 말했지만, 엄마는 정색을 하면서, '그게 지금 자랑이니? 옆 반 현수는 이번에도 전 과목 다 100점 맞았다더라. 너는 언제 따라잡을래? 전 과목은 기대도 안 하고 한 과목이라도 100점을 맞아보면 안 되겠니? 내가 현수 엄마 만나면 정말 할 말이 없어. 부끄럽다 정말.' 이런 식으로 말씀하셨어요. 꽤 오래 지났는데 아직도 선명하게 기억에 남아요. 막상 저는 현수와 친하지도 않고 잘 알지도 못하는데 엄마 때문에 괜히 현수가 싫어질 정도예요."

영훈이가 입은 상처에 대해 알게 된 후 영훈이 어머니와 계속해서 대화를 시도했지만, 인정하지 않으셨다. 같은 대답만 돌아올 뿐이다.

"저는 최선을 다했어요. 영훈이가 따라주지 않더라고요."

나는 아직도 이런 생각을 한다.

'만약 이때라도 영훈이 어머니가 바뀌었다면, 영훈이는 조금 더 기회가 있었을 텐데….'

사실 더 빨리 바뀌었어야 했다. 영훈이가 90점 시험지를 들고 와서 자랑했을 때 칭찬 한마디라도 해주었더라면, 영훈이는 정말 많이 바뀌어 있었을 것이다.

물론 속마음은 아이가 더 잘되었으면 좋겠다는 마음에 그랬을 것이다. 하지만 아이가 느낄 때는 그렇지 않다. 더 이상 우리가 공부했던 과거의 방식으로 아이들을 공부시켜서는 안 된다. 시대는 바뀌었고, 이제는 아이들을 설득하고 납득시켜서 함께해야 하는 때이다.

만약 아직도 과거 우리가 공부했던 방식에 사로잡혀 변화를 인정하지 않는다면, 우리는 아이 스스로 공부할 수 있도록 해줄 준비가 되어 있지 않은 것이다.

자녀 교육이
실패할 수밖에 없었던 이유

지금 이 책을 읽고 있다면, 아마도 생각대로 자녀 교육이 이루어지고 있지 않을 것이라고 조심스럽게 예상해본다.

'나름 아이가 공부를 하고 있는데 왜 이렇게 성적이 오르지 않을까?'

'남들이 하는 대로 잘 따라 하고 좋은 학원도 보내고 있는데 왜 이렇게 불안할까?'

'좋은 학원에 보내도 대체 왜 우리 아이에게는 효과가 없을까?'

'아이 공부를 막상 내가 시키면 왜 효과가 안 날까?'

'고정 학원비는 계속 나가는데, 성적은 정체되어 있고… 정말 큰일이네.'

혹시 이런 고민을 하고 있지는 않은가? 만약 그렇다면 정말 안타깝지만 앞으로 더 큰 위기가 찾아올지도 모른다. 왜냐하면 이런 생각은 갑자기 하게 되는 것이 아니기 때문이다. 몇 년 전부터 이런 생각을 가지고 있었지만, 변화하지 않았을 가능성이 높다. 이렇게 한 번 잘못 시작하고, 시간이 가면 갈수록 점점 돌이킬 수 없는 상황이 찾아오는 것이다.

효과가 좋다는 대부분의 공부 방법들은 사실은 상위 1%를 위한 방법이다. 99%의 학생, 학부모님들은 1%가 되고 싶은 욕구 때문에 그 방법들을 따라 하기 시작했다. 그 결과 대부분의 학생들이 같은 방법으로 공부하기 시작했고, 사교육 시장은 더 이상 교육이 아닌 '장사'로 변하게 되었다. 원래 상위 1%가 아니었던 우리 아이들은 그들의 희생양이 되고 있다.

이미 말했듯이 나는 수학 학원을 2개 운영하고 있는 원장이다. 그렇기 때문에 더욱 현실적으로 생생하게 말할 수 있다.

학원에 보내는 대부분의 학부모님은 어떤 마인드를 가졌을까?

"집에서 가르쳐봤는데요. 자꾸 싸우게만 되고, 더 이상 감당이 되지 않아 학원에 보내요. 잘 부탁드려요."

"아이가 더 이상 제 말을 안 들어요. 학원 보낼 테니 공부 잘하게만 해주세요."

학생들은 어떤 마인드를 가졌을까요?

"공부 잘해서 좋은 대학 가고 싶어요."

이 상황만 보고 뭐가 잘못된 거죠? 하는 분들이 많을 것이다. 우리가 생각해야 하는 최소한의 부모님 마인드는 이렇다.

"아이가 공부를 잘하게 하고 싶은데 제가 어떤 노력을 해야 할까요?"

학생의 마인드는 이렇게 되어야 한다.

"앞으로 A 직업이 하고 싶은데 이걸 하려면 B 대학에 가는 것이 좋아서 공부를 잘하고 싶어요."

10년 이상 학부모와 학생들의 마인드를 바꾸기 위해 많은 노력을 해왔다. 물론 바뀐 분들도 있다. 하지만 대부분은 여전히 이렇게 말한다.

"원장님 말씀 정말 잘 알고 있습니다. 정말 감사드려요. 그런데 아무리 노력해도 잘 안돼요. 이미 늦은 것 같아요."

"말씀대로 해 보려고 하는데, 제가 바빠서 신경을 못 쓰겠어요."

뜨끔한 사람들이 많을 것이다. '어? 이거 내 이야기인데?' 하는 사람들도 많을 것이다. 이것이 여태까지 우리의 자녀 교육이 실패했던 이유이다.

기본적인 악순환의 고리는 이렇다.

'아이가 공부하지 않는다.' → '노력해 보았지만 고쳐지지 않는다.' → '점점 포기하고 방치하게 된다.'

아이가 점점 망가져 가는 것을 보면서도 노력할 생각도 없고, 바뀔 생각 없이 체념만 하는 모습이 바로 우리 모습이다. 그리고 더 큰 문제가 있다. 특히 우리나라에서는 자녀 교육을 자신의 인생만큼이나 소중하게 생각하는 분들이 정말 많다.

더 이상 과거 스타일의 주입식 교육이 통하지 않고, 자녀 혼자서는 좋은 대학을 갈 수 없는 시대이다. 정말 많은 부모님들이 강남, 대치동 엄마들의 비밀 입시정보 수집, 고액 과외, 비싸고 좋은 학원 보내기, 자사고,

특목고 입시교육, 학생기록부 작성 컨설팅 등 비싼 돈으로 정보를 사고, 좋은 교육을 할 수 있다고 생각한다. 주위에서도 대부분 이런 방법들을 추천한다. 이제 이런 것들이 얼마나 큰 문제를 일으킬 수 있는지, 그동안 우리가 왜 자녀 교육에 실패할 수밖에 없었는지 더 자세히 살펴보자.

사교육이나 주입식 교육과 같은 방법들을 간단하게 일회성 소비라고 말할 수 있다. 배달 앱에서 비용을 지불하고 완성된 음식을 먹는 그런 것이다.

예를 들어 치킨을 배달시켜 먹는다고 생각해보자. 치킨을 정말 좋아해서 1주일에 3번씩 시켜 먹는다면, 한 번에 2만 원씩 1주일에 6만 원씩을 치킨값으로 쓰게 된다. 1년이면 52주이므로 1년에 치킨값으로 312만 원을 쓴다. 그렇게 1년간 행복하게 먹은 후 곰곰이 생각해보게 될 것이다.

1년간 그렇게 치킨을 많이 먹었는데, 나에게 남은 것은 무엇인가? 156개의 치킨 쿠폰, 치킨에 중독된 나의 모습, 더 이상 치킨 없이 살아갈 수 없는 내 현실이 남아 있다. 그리고 치킨값 312만 원을 지불했다. 결국 그 많은 돈을 내면서 치킨을 먹은 결과 나에게 남은 것이 없다. 적어도 그 많은 치킨을 먹을 정도면, 앞으로도 많은 치킨을 먹고 싶다면, 치킨을 직접 튀겨 먹는 방법을 배울 생각 정도는 해 보는 게 좋지 않았을까?

무언가를 위해 많은 비용이나 시간을 지불했지만, 그 후에 남는 것이 없다면 모두 일회성 소비이다. 일회성 소비를 하게 되면 개미지옥처럼 빨려 들어가서 돈만 계속 쓰게 되고, 혼자서는 아무것도 할 수 없게 된다.

처음부터 일회성 소비를 선택하게 된 우리는 근본적인 것을 해결하려

하지 않고, 결국 모든 것을 돈으로 해결하고 있다. 아이가 학년이 어릴 때는 그나마 괜찮다고 생각할 것이다. 학원비가 그렇게 많이 드는 것은 아니니까. 재정적으로 부족하면 학원을 줄이면 유지가 된다. 하지만 학년이 올라갈수록 일회성 소비 금액은 기하급수적으로 올라간다. 그때가 되면 많은 학부모들은 재정적인 문제로, 투자 대비 성과가 나지 않는다는 이유로 학습 지원을 포기하게 된다.

여기서 끝일까? 이렇게 배운 학생들의 공부 습관은 어떻게 되어 있을까?

한 번 암기하기 시작하면 그 뒤로도 계속해서 암기해야만 한다. 중학교 때까지는 잘 버티겠지만, 결국 고등학교 때는 공부량이 너무 많아져서 두뇌 용량이 포화 상태가 될 것이다. 결국 공부에 흥미를 잃고 포기하게 된다. 다시 말해서 우리가 지금까지 실패할 수밖에 없었던 이유는 노력할 생각 없이 일회성 소비만을 평생 해왔고, 나름대로 최선을 다했다고 생각하기 때문이다.

남이 잡아 온 고기는 매번 비싼 돈 주고 사 먹어야 하지만 고기 잡는 방법을 알려주고, 기본 장비만 구매해둔다면, 평생 고기를 직접 잡아서 먹을 수 있다. 지금까지는 우리가 자녀교육에 성공하지 못했지만, 이제부터 해야 할 일은 명확하다. 우리와 아이는 고기 잡는 방법을 알아야 한다.

서울대에 들어가는 방법

서울대 가기 쉬운가? 사실 참 쓸데없는 질문이다. 굉장히 어렵다. 왜 그럴까? 너무 당연한 것이다. 국내에서 가장 좋은 대학교인 만큼 공부 잘하는 아이들은 누구나 가고 싶어 하는 학교이기 때문이다.

작년에 서울대에 관심이 있던 윤희 어머니가 상담해 왔다.

"윤희를 서울대에 보내고 싶은데, 주변에 아는 사람 중에 서울대 간 사람도 없고, 학교에서도 잘 모르는 것 같아요. 대략적으로라도 알고 있어야 미리미리 준비라도 할 수 있을 것 같아서요. 먼저 한 가지 여쭤볼게요. 어느 정도를 해야 서울대에 갈 수 있을까요? 상위 몇 % 정도면 될까요? 한 0.1% 정도면 갈 수 있지 않을까요? 사실 주변에 간 사람이 없다 보니 어느 정도여야 하는지 감이 잘 오지 않아요."

"한번 계산해 볼게요. 2023년 입시 결과는 아직 나오지 않았기 때문에

2022학년도 합격생의 출신 지역별 현황

출신 지역 / 모집 시기			서울시	광역시	시	군
2022	최종등록	수시모집	734	609	882	111
			31.4	26.1	37.8	4.8
		정시모집	491	136	405	28
			46.3	12.8	38.2	2.6
		합계	1,225	745	1,287	139
			36.1	21.9	37.9	4.1
	최종합격	수시모집	748	636	882	113
			31.4	26.7	37.1	4.7
		정시모집	470	140	415	34
			44.4	13.2	39.2	3.2
		합계	1,218	776	1,297	147
			35.4	22.6	37.7	4.3

단위: 명 / %

2022년 입시 자료로 분석해 드릴게요. 자! 보시죠. 이 표는 2022년 서울대 입시 현황 자료입니다. 일단, 합격자 총 인원을 한번 볼까요? 최종 등록을 한 학생은 3,443명입니다. 계산하기 쉽게 전체 수험생을 50만 명이라고 보고, 서울대 입학생을 3,500명이라 가정하면 약 0.7% 정도가 나옵니다. 하지만 이게 전부는 아니에요. 서울대에 갈 수 있는 성적이지만 의대, 치대, 한의대 등 전문직을 원하는 학생들도 있어요. 이 학생들을 뺀다면 상위 1% 정도라고 보통 이야기를 합니다."

"1%요? 저는 훨씬 더 어려울 것이라고 생각했는데, 제 생각보다는 조금 더 쉽네요."

"그런가요? 1%라고 하면 100명 중 1명, 한 학년에 300명이라고 치면 3

명은 서울대를 가야 해요. 그런데 실제로는 어떤가요?"

"주변에 서울대 간 사람은 거의 없고, 있더라도 다른 세계의 사람인 것처럼 느껴져요."

"그렇죠. 안타깝게도 우리 주변에는 거의 안 보입니다. 그럼 서울대에 진학하는 학생들은 다 어디에 있는 것일까요?"

"우리가 모르는 어딘가에 있지 않을까요?"

"맞아요. 다들 좋은 지역, 좋은 학교에 모여 있는 거죠. 1%의 부자들이 우리 주변에 보이지 않는 것처럼, 서울대 가는 학생들은 자사고, 특목고, 강남 학군 등에 서로 모여 있는 겁니다. 그래서 일반 학교에서 서울대를 가는 학생들을 보기가 더욱 어려운 거예요."

"말씀을 듣고 다시 표를 보니까 대부분의 비중이 서울과 광역시, 수도권에 집중되어 있네요. 시에서 합격한 인원들의 대부분은 수도권에 밀집되어 있다는 것을 생각해 보면 전체 인원의 80% 이상은 수도권, 광역시에 몰려 있을 것 같은데요?"

"그렇죠. 그나마 서울대는 지역균형 특별전형이 있어 지방에 있는 학생들을 의무적으로 뽑아주기 때문에 불균형이 적은 편이에요. 연세대, 고려대 등 다른 상위권 대학교들은 지역 불균형이 훨씬 심하죠. 이렇게 될 수밖에 없는 이유가 따로 있고, 미리 알고 대비해야만 우리 아이의 인생을 바꾸어 줄 수 있습니다."

"역시 쉽지 않네요."

"쉽기만 하다면 누구나 다 서울대나 좋은 대학교를 갔겠죠? 그랬다면 아이들 공부시키기 위해 고민하지도 않았을 거예요. 그럼 조금 더 현실적인 이유에 대해 이야기해 볼까요?"

"현실적인 것 좋죠."

"아이를 서울대에 보내고 싶다면 엄마에게 필요한 것은 뭘까요?"

"음… 우선 돈이 많이 필요할 것 같아요. 그리고 극성인 엄마들도 많더라고요. 이런 것이 다 열정 아닐까요?"

"네. 말씀하신 것들은 돈과 열정인 거네요. 그럼 이 중 좌절하게 되는 더 현실적인 이유는 어떤 걸까요?"

"다른 분들은 잘 모르겠지만, 저희 같은 경우에는 돈 때문에 좌절하기 더 쉬울 것 같아요. 돈만 많이 있다면 고액 과외나 비싼 학원을 보내면서 개인 관리도 시킬 수 있을 텐데요. 여건상 힘드네요."

"대부분의 경우에는 부담되는 것이 현실이죠. 실제로 강남에서 고액 과외가 월 500만 원 이상 하는 경우도 허다하고요. 고액 과외가 아니더라도 일반 단과 학원에만 다녀도 한 과목당 40~50만 원 이상 하는 곳들이 많아요. 과외로 하면 당연히 훨씬 더 비쌀 거고요. 서울대 보내려는 부모님이 과연 한 과목만 시킬까요? 최소 3~4과목을 시키겠죠. 여기까지는 간단하게 계산이 되시죠? 결국 아이 교육에 신경 쓰는 부모님들은 아이 한 명당 한 달에 150~200만 원 정도는 학원비로 쓰게 됩니다. 한번 계산해 보세요. 1년에 학원비로만 얼마나 나가게 될까요?"

"최소로 잡아서 150만 원으로 계산했을 때만 해도 150만 원씩 12개월이니까, 1년에 1,800만 원이 들어가네요."

"그런데 더 충격적인 사실이 있죠? 윤희가 지금 3학년이죠?"

"네. 맞아요. 그게 왜 충격적일까요?"

"초등학교 3학년이면, 앞으로 고3 수능 보고 대학교 갈 때까지 몇 년이나 남았죠?"

"아… 10년 정도는 더 공부해야 하겠네요."

"결국 1억 8천만 원이고, 책값까지 생각하면 2억 정도가 들어가요. 아직 끝나지 않았어요. 더욱 충격적인 건 뭘까요?"

"아직도 충격받을 일이 더 남았나요?"

"당연하죠. 방금 말씀드린 건 생활비가 포함되지 않은, 순수 교육비만 계산한 거죠. 거기다 아이 한 명당 2억인 거예요. 윤희가 동생이 두 명이나 더 있다고 했죠?"

"네. 윤희랑 동생 두 명까지 3남매예요."

"이제 현실적으로 생각해 보아야 할 때예요. 세 명이라고 해서 학원비를 공짜로 해주던가요? 절대 아닙니다. 그 말은 뭘까요? 아이가 두 명이면 4억, 세 명이면 6억이 들어간다는 이야기죠. 여기까지는 우리가 강남이나 좋은 동네에 살고 있다는 전제하에 말씀드린 거예요. 만약 지방에 산다면? 이사부터 와야겠죠? 요즘 수도권에 내 집 장만하기 얼마나 힘든지는 말하지 않아도 알 거예요."

요즘 아무리 집값이 떨어졌다고 해도 학군이 괜찮은 지역은 최소 15~20억 정도는 할 것이다. 현실적으로 이 정도가 부담되지 않는 금전적 여유가 있는가? 그렇다면 이 책을 읽을 필요가 없고, 학원 보내고 과외를 해도 된다. 이 책은 조금 더 절실한 분들에게 도움을 주기 위한 지침서이다.

그렇다면 이런 얘기를 왜 그동안 아무도 해주지 않은 걸까? 당연한 논리이다. 나도 수학 학원 2개를 운영하고 있지만, 학원 상담으로 온다면 이런 솔직한 얘기들을 다 해 줄 수가 없다.

“아이를 저한테 맡기고 10년간 2억을 내세요.”라고 하면 누가 학원에 보내겠는가?

“학원 다니지 않고 집에서 스스로 공부하면 교재비 200만 원 정도면 충분합니다.”라고 말 할 수 있는 원장이 있을까? 당연히 없다. 이게 바로 현실이고, 여러분들이 지금까지 진실을 듣지 못한 이유이다. 귀가 막혀 있고, 눈이 가려져 있는 여러분들을 위해 꼭 알아야 하는 이야기들을 계속해서 알려 드리려고 한다.

우리가 아이를 망치고 있다

전 세계에서 사교육이 가장 많은 나라가 어디인 줄 아는가? 바로 대한민국이다. 전 세계에서 자식 사랑이 가장 강한 나라는 어디일까? 역시 대한민국이다. 자식에게 가장 열정적으로 투자하고 희생하는 나라는 어디일까? 대한민국이다.

나쁜 것은 아니다. 좋은 것이다. 문제는 잘못된 방법으로 하고 있다는 것이다. 자식 교육에 있어서 금전적인 부분만큼이나 중요한 것은 바로 부모님의 열정이다.

학부모 설명회를 할 때 있었던 일이다.

"아이들이 스스로 공부할 수 있도록 하기 위해 어떤 노력을 하고 계신가요?"

이렇게 질문을 하자 여기저기에서 대답이 나왔다.

"돈을 열심히 벌고 있어요."

"상담 열심히 다니면서 공부 방법에 대해 알아보고 있어요."

"유튜브 보면서 열심히 공부하고 있어요."

"발 넓은 엄마들과 소통하며 정보를 공유하고 있어요."

"아이를 픽업해 주고 있어요."

"집에서 직접 가르쳐 주고 있어요."

그중 한 분께 질문해 보았다.

"돈 열심히 벌고 있다는 어머님, 혹시 왜 돈을 열심히 벌고 계신가요?"

"가족 생활비도 하고, 아이 좋은 것 먹여주고, 남부럽지 않게 공부도 시켜주죠."

"남부럽지 않게 공부시켜 주는 것이 혹시 학원 보내는 건가요?"

"네."

"물론 어머님께서 그러시지는 않겠지만, 이런 경우 특히 조심해야 할 것들이 있어요. 정말 많은 학부모님과 상담하면서 느꼈던 것인데요. 제가 이유를 왜 물어보았냐면, 좋은 학원 보내고, 공부 열심히 시켜서 좋은 대학 보내려고 하는 어머님께서 많이 놓치는 부분이 있어서예요."

"혹시 어떤 부분일까요?"

"중고등학교 학생들 상담을 해 보면, 아이가 어렸을 때부터 열심히 일하셔서, 좋은 학원을 보내면서 아이 뒷바라지해 주셨던 엄마이지만, 가장 중요한 것을 놓치는 분들이 많으셔서 후회하세요. 아이 학원 보내기 위해 돈을 벌려면 일을 해야겠죠. 그러는 동안 아이는 엄마의 사랑을 받지 못한 채 방치됩니다. 이런 경우, 운이 좋으면 아이가 알아서 잘할 수도 있지만, 많은 경우에는 부모님의 의도와는 반대로 가게 돼요."

"무슨 말씀인지 이해가 잘 안 되는데요. 조금 더 자세히 설명해 줄 수 있을까요?"

"이런 상담을 많이 받아요. 아이 학원 보내게 하기 위해 정말 열심히 일을 했다고 해요. 그러다 보니 학원은 보내도, 실제로 아이가 어떻게 하고 있는지, 얼마나 열심히 하고 있는지 확인을 할 수가 없었어요. 아이가 엄마에게 오늘 있었던 일들을 이야기하려고 하면, 너무 피곤한 나머지 내일 들어준다고 말했고, 막상 내일이 되면 바빠서 대화를 피하기 일쑤였죠. 그때는 이런 것들이 아이를 위한 것이라고 생각했대요. 그런데 그 뒤에 어떻게 되었는지 아시나요?"

"아니요. 제가 볼 때는 최선을 다해서 열심히 사신 것 같은데 어떻게 되었나요?"

"정말 안타깝게도, 중요한 시기에 아이는 엄마에게 상처를 입고, 엄마는 자신에게 관심이 없다고 생각을 해요. 기댈 곳도 없고, 친구들과의 관계만 중요해지다 보니 많은 유혹에 빠지게 되죠. 그때부터는 일탈도 하고, 엄마가 아무리 이야기해도 '엄마가 나에 대해 뭘 알아? 관심이 있기나 해?' 이런 대답만 돌아온대요. 지금은 그런 아이를 위해 고액의 학원이나 과외도 보내고 있지만, 효과가 거의 없다고 합니다. 이런 분들이 저한테 와서 과외비는 얼마든 상관없으니 제발 과외 해달라고까지 부탁하세요. 물론 저는 과외를 하지 않기 때문에 하지는 않았지만, 이런 상담을 받을 때마다 정말 마음이 아파요."

순간 정적이 흘렀다. 자기 이야기라도 들은 듯 뜨끔하며 눈을 피하는 학부모들도 많이 보였다. 나는 말을 이어 나갔다.

"지금 잘못하고 있다는 말씀을 드리는 것이 아닙니다. 어떤 것이 정말 아이를 위한 길인지 잘 생각해 보라고 말씀드리는 거예요. 이 주제와는 조금 다른 이야기일 수도 있지만, 주변에서 이런 이야기를 많이 들었어요. 이 분은 부모님께 효도하기 위해 정말 열심히 일을 했어요. 명절 때도 자주 뵙지 못하고, 열심히 사느라고 연락도 많이 못 드린 그런 분이었죠. 그리고 하고 있던 일과 사업이 잘되기 시작했죠. 승승장구하기 시작하였지만, 그동안 부모님은 점점 연세가 들고 있었어요. 조금만 더 성공해서 정말 부모님 소원도 들어 드리고, 해외여행도 마음껏 보내드릴 그날만을 손꼽아 기다리며 열심히 일을 했지만, 막상 그 꿈을 이룰 때가 되니 부모님은 너무 편찮으셨어요. 항상 자식에게 걱정 끼칠까 봐 부모님은 제때 치료를 받지 못하셨죠. 결국 성공은 했지만, 골든타임을 놓쳐서 병에 걸렸던 부모님을 치료할 수는 없었어요. 성공하기 전에 평소에 잘해 드릴걸 하며 평생을 후회하신다고 합니다. 부모님께 효도하기 위해 열심히 일했지만, 결과적으로는 더 일찍 돌아가시게 된 것이죠. 우리 아이도 마찬가지일 수 있습니다. 10년, 20년 뒤만 바라보다가, 지금 당장 아이와 멀어질 수가 있어요. 일을 하지 말라는 말은 아닙니다. 하지만 이 부분은 실수하고 후회하는 분들이 많기 때문에 밸런스를 잘 맞춰서 하셨으면 좋겠어요."

"다음으로는 상담 열심히 다니면서 공부 방법에 대해 알아보고 있다는 어머님께 여쭤볼게요. 상담 다닌다는 것은 학원으로 입학 상담을 다닌다는 거죠?"

"네. 좋다고 하는 학원에 레벨 테스트도 주기적으로 보러 다니고요. 아이 실력이 어느 정도인지 항상 체크하고 있어요."

"혹시 왜 그렇게 하는지 여쭤봐도 될까요?"

"우리 아이가 공부를 어느 정도 하고 있는지 확인도 하고, 제가 해주지 못하는 부분을 상담 받기도 하고요. 어느 부분을 어떻게 공부해야 하는지 방향을 잡을 수 있어서 좋은 것 같아요."

"혹시 아이가 몇 학년이죠?"

"초등학교 2학년이에요. 혹시 뭐가 잘못된 건가요?"

"잘못된 것은 아니고요. 지금 하고 계신 방법 중에서 꼭 확인하고 넘어가셔야 할 부분이 있어요."

"어떤 것을 확인하고 넘어가면 될까요?"

"어머님, 혹시 상담을 받으면서 아이에 대해서 어떤 이야기를 들으셨을 거예요. 그 뒤에 어떻게 하시나요?"

"상담 받고 와서 잘하고 있는지, 실력이 어느 정도인지는 파악을 하는데, 그 뒤에 특별히 뭘 해 주거나 하지는 않아요. 이미 학원에 보내고 있기도 해서 학원 선생님께는 전달해 드리고요."

"지금 하고 있는 방법은 초등학교 저학년 때까지만 통하는 방법이에요. 지금 2학년이라고 하셨죠? 그래서 가능한 방법입니다."

"네? 무슨 말씀인지 잘 모르겠네요."

"몇 학년 때까지 아이가 말을 들을 것 같으신가요? 그리고 몇 학년 때까지 엄마가 하는 말을 곧이곧대로 들을 거라고 생각하세요?"

"음… 사실 벌써부터 말을 안 듣고 있기는 해요. 아마도 초등학교 4학년 정도면 더 이상 제가 컨트롤하기 힘들 것 같기도 하고요."

"네 보통은 사춘기가 시작되는 4~5학년 때부터 관리가 잘 되지 않죠. 그래서 이때 학원으로 많이 보내게 됩니다. 여기도 5학년 학부모님이 가장 많이 계시고요. 그때는 어떻게 하실 계획이시죠?"

"그때는 상황에 맞는 학원을 보내야 하지 않을까요?"

"지금 잠깐 나눈 대화에 사실 답이 나와 있습니다. 한 번 학원에 의존하기 시작하면 그때부터는 계속해서 누군가에게, 학원에 의존해야 해요. 제가 말씀드리고 싶은 부분은 바로 이거예요. 누군가에게 의존하지 않고, 스스로 아이의 상황을 파악할 수 있는 능력을 기르셔야 합니다. 그래야만 앞으로 어떤 상황이 벌어지든 대처하실 수 있어요. 정말 안타깝지만, 지금 하고 계신 것들은 아이를 위한 것이 아니에요."

"그럼 어떻게 해야 할까요?"

"노력을 하시려면 여러 학원에 상담을 하러 다니거나, 상황을 말하고 믿고 맡겨 놓는 것이 아니라, 우리 아이에 대해 직접 공부를 하고, 직접 관리를 할 수 있도록 어머님의 능력을 키우셔야 하겠죠. 지금 하고 계신 방법은 아이 옷 사이즈도, 어떤 옷이 어울리는지도 모른 채로 백화점 여기저기로 아이 옷 쇼핑을 하러 다니는 거예요. 우리 아이의 커가는 몸 상태를 직접 파악할 수 있어야 쇼핑을 해도 의미가 있지 않을까요? 이런 것을 모른 상태에서 쇼핑하신다면 점원들이 하는 말 한마디 한마디에 흔들리게 될 거고, 꼭 필요한 옷을 사는 것이 아니라 추천해주는 대로 사게 되겠죠. 당연히 점원은 이리저리 설득해 가며 필요도 없는 비싼 옷을 팔려고 할 거고요."

"그렇네요. 쇼핑으로 비교해 주시니 바로 이해가 돼요! 그럼 방법을 알려주세요."

"방법을 알려드리기 전에, 아까 유튜브 보면서 공부하고 계신다는 어머님도 계셨는데 몇 가지 여쭤본 후 한꺼번에 말씀드릴게요. 유튜브 보면서 열심히 공부하고 계신 어머님, 제가 질문 좀 드려도 될까요?"

그러자 웃으며 대답하셨다.

"안 그래도 저도 여쭤보고 싶은 것들이 많았어요. 어떤 질문일까요?"

"유튜브뿐만 아니라 블로그 등 정보를 얻을 수 있는 채널이 정말 많을 텐데요. 주로 어떤 것들을 공부하시나요?"

"여러 가지가 있는데, 상위 1% 학생들이 하는 공부 방법이라든지, 유명한 분들이 말씀해 주시는 자기주도학습 방법들도 보고요. 몇 학년 때부터 어떤 공부를 시켜야 하는지도 알아보고, 어떤 활동이 어디에 좋은지 다양한 방면으로 공부하고 알아보고 있어요."

"정말 열심히 해 주고 계신데요. 혹시 효과가 얼마나 있었나요?"

"열심히 공부하고 있는데, 사실은 아이가 잘 따라 주지 않아요. 그리고 정말 좋은 방법인 것은 맞지만, 막상 적용시켜 보면 우리 아이에게는 잘 안 맞는 부분인 것들도 많이 있고요. 노력한 것에 비해 잘 활용하지 못해서 힘드네요."

"그렇군요. 혹시라도 이런 상황일까 봐 여쭤본 거예요. 어머님만 이런 상황을 겪고 있는 것이 아니라, 정말 많은 학부모님들이 이런 상황을 겪고 있어요. 나름대로 열심히 알아보고 공부하고 있는데, 왜 우리 아이한테만 적용이 되지 않을까요? 선생님이 하면 되는데 왜 우리가 하면 잘 안 될까요?"

"방법을 잘 몰라서 아닐까요?"

"방법이요? 지금까지 많이 공부하고 배우셨잖아요. 그것들이 전부 방법이 아닌가요?"

"그렇네요. 방법도 많이 공부했네요."

"왜 이렇게 된 건지 말씀드릴게요. 어머님께서는 그동안 정말 열심히 공부하셨어요. 딱 한 가지만 빼고요."

"한 가지요? 어떤 거죠?"

"우리 아이에 대한 공부를 안 하셨네요. 가장 중요한 것인데 대부분 소홀히 하고 있는 거죠. 대부분은 우리 아이에 대해 공부하는 것이 아니라, 성공한 아이에 대해서 배우고 공부를 하죠. 성공한 아이가 되기 위해서 그들이 겪었던 일들을 따라 해요. 그리고 그들을 성공하게 만든 사람들의 노하우를 배우죠."

"당연히 성공한 사람들의 노하우와 방법을 배워야 하지 않을까요?"

"거기에서부터 문제가 생기는 거예요. 엄마는 우리 아이가 성공하기를 바라지만, 우리 아이는 평범한 아이인걸요. 당연히 상위 1% 공부 방법으로 해서는 효과가 없을 거예요. 모든 것은 단계가 있는 것입니다."

"이해가 잘 안 되는데 조금 더 쉽게 설명해 주실 수 있나요?"

"조금 더 쉽게 설명해 드릴게요. 상위 1%로 가기 위해 10개의 단계가 있다고 해 볼게요. 상위 1% 아이들은 1단계부터 차근차근 8단계 정도까지 밟아 왔을 거예요. 그리고 9단계와 10단계만이 남아 있는 거죠. 그런데 우리 아이는 어떤 상황이죠? 1단계와 2단계를 겨우 지나서 3단계를 하고 있어요. 이런 아이에게 갑자기 9단계의 방법으로 공부를 시킨다면 어떤 일이 벌어질까요?"

"글쎄요. 분위기상 큰일이 벌어질 것 같네요."

"하하. 그런가요? 간단하게 보면 두 가지 중 하나의 상황이 됩니다. 포기하거나 하는 척하거나."

"생각보다 큰일이 벌어지지는 않네요."

"별것 아닌 것 같아 보여도, 막상 우리 아이에게 벌어지면 큰일이 됩니다. 포기한다는 것은 단순히 이 방법만을 포기한다는 것이 아니에요. '공부가 이렇게 어려운 것이구나.', '나는 할 수 없는 것이구나.', '노력해도 안 되는 것이구나.' 이런 생각을 하게 됩니다. 결국 공부 자체에 흥미가 없어지게 되고, 나중에는 부모님이 하는 말 모두를 부정하게 될 거예요. 이래도 큰일이 아닌가요?"

"조금씩 큰일이 생기고 있네요. 호호."

"여기서 끝이 아니에요. 더 큰일은 따로 있죠. 하는 척하는 거예요. 이때는 무슨 일이 벌어질까요?"

"혼나지 않으려고 공부하지 않을까요?"

"비슷합니다. 우선 하는 척이라도 한다면 우리 아이는 꽤 성실한 아이일 거예요. 하는 척하는 이유는 이해가 되지 않기 때문이에요. 3단계를 하던 아이가 갑자기 9단계로 건너가게 되면 이유도 모른 채 시키는 대로 하게 될 가능성이 높겠죠? 이런 상황에서 아이는 어떻게 행동할까요? 그냥 외웁니다. 검사받기 위한 공부를 하기 시작하는 거죠. 여기서부터는 아까 상담 열심히 다니던 어머니도 집중해서 들으셔야 해요."

"네."

"결국에 이렇게 될 수밖에 없는 결정적인 이유가 있어요. 우리의 역할을 다하지 못했기 때문이에요. 그럼 우리의 역할이라는 게 어떤 것일까요?"

"열심히 아이들 뒷바라지해 주고, 편하게 공부할 수 있도록 도와주는 것 아닐까요?"

"더 중요한 역할이 있어요. 바로 '확인'을 해 주는 것입니다. 상담을 받아서 아이의 실력이나 상황을 대략적으로 파악했다면, 구체적으로 아는 것과 모르는 것을 구분할 수 있도록 해 주고, 필요한 부분이 어디인지 스스로 파악하게 해 주고, 제대로 하고 있는지 확인을 해 주는 것이죠. 그리고 우리 아이의 현재 단계를 파악했다면, 다음 단계로 가기 위해 필요한 것과 해야 하는 것에 대해 확인을 해 주셔야 합니다. 이런 상황이라면 우리는 어떤 것부터 공부를 해야 할까요?"

"우리 아이가 해당하는 3단계는 어떤 방식으로 하는 것인지, 제대로 잘하고 있는지부터 알아야 될 것 같아요. 그러고 나서 4단계가 어떤 것인지도 알아야 되지 않을까요?"

"이제 조금씩 이해하고 계신 것 같네요. 지금 현재 우리 아이의 정확한 단계와 상황, 앞으로 해야 할 것들에 대해 아는 것이 정말 중요해요. 그리고 우리가 도와줄 수 있는 것이 어떤 것이 있는지 현실적으로 알아보고 공부해야 하죠. 학원에 여기저기 다니면서 상담받을 시간에, 유튜브로 최상위권 학생들 공부 방법을 공부할 시간에 우리 아이에 대해서 공부해야 하는 것입니다. 큰 그림을 그리더라도 지금 당장 우리 아이에게 가장 필요한 것이 무엇인지를 정확하게 파악해서 도와줄 생각부터 해야 하는 거예요. 그게 우리 아이를 위해 우리가 해야 할 일입니다. 꼭 명심하셨으면 좋겠어요."

순간 정적이 흘렀다. 다들 뒤통수를 한 대 얻어맞은 것처럼 멍하니 있었다. 아마도 설명회를 오신 어머님들은 여기저기 돌면서 어느 학원이 좋을까 고민하면서, 한 번씩 설명회를 들어보는 중이었던 것 같았다. 내친김에 학생 피라미드를 보여주며 설명했다.

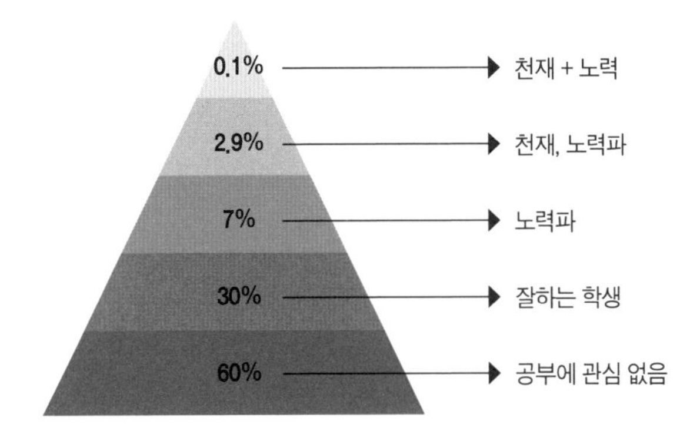

"시간 관계상 생략하고 넘어가려고 했는데, 지금 분위기를 보니 꼭 알려드려야 될 것 같아서 특별히 알려드릴게요. 피라미드 표가 보이시죠?"

"네."

"피라미드 그림을 보면 아시겠지만, 전체 학생의 3%는 명확한 목표를 가지고 알아서 공부해요. 이 아이들은 부모님이 크게 신경 쓰지 않아도 알아서 열심히 공부하죠. 그래도 그들만의 경쟁이 있기 때문에 아이가 원하는 공부만 시켜 준다면 좋은 대학을 갈 수 있을 정도로 축복받은 아이들이에요."

여기저기에서 부러움의 목소리가 이어졌다.

"정말 부럽네요."

"우리 아이가 이렇게 되었으면 정말 좋겠어요."

"우리 아이도 열심히 하면 3% 안에 들 수 있겠죠?"

우선 설명을 이어 나갔다.

"원래 천재인 아이도 있겠지만, 대부분은 머리도 좋은 상태에서 노력이 뒷받침되어야 이 안에 들어갈 수 있겠죠. 그리고 피라미드 위에서 세 번째에 위치한 7%의 학생들은 공부를 열심히는 하지만 스스로 하지는 않고, 시키는 대로만 하는 학생들입니다. 보통은 전교 5등 안에 들거나, 공부 좀 잘한다는 학생들이라고 볼 수 있죠."

처음보다는 점점 부러움의 목소리가 작아지는 것이 느껴졌다.

"그 아래 30% 학생들은 잘하고는 싶지만, 의지보다는 본능이 앞서고 생각처럼 잘되지 않는 학생들이에요. 그리고 맨 아래에 있는 60%의 학생들은 의지조차도 없는 학생들입니다. 각 단계와 상황별로 방법이 다를 텐데 우리는 같은 방법으로 공부시키고 싶어 하죠. 하위 60%의 말은 귀 기울여 듣지 않아요. 상위 0.1%가 될 수 있는 공부 방법에만 귀를 기울입니다. 대부분의 학원이나 사교육은 상위 3%의 공부 방법에만 초점을 맞춰 놓고 있어요. 소수의 3%를 위한 공부 방법으로 90%의 학생들이 공부하고 있는 거죠. 얼마나 경쟁도 치열하고, 비효율적일지는 상상조차 힘들 거예요. 혹시 자녀 교육을 하면서 본격적으로 문제 인식이 생길 때가 보통 언제쯤인지 아는 분 계신가요?"

한 분이 손을 들고 말했다.

"기대에 미치지 못할 때 아닌가요?"

"비슷합니다! 엄마가 기대하는 수준과 아이의 실제 수준이 다를 때예요. 엄마는 상위 3%를 원하지만, 아이의 현실은 30%에 해당하는 경우죠. 아니면 7%의 학생이 되기를 바라지만, 현실은 공부에 관심이 없는 60% 학생인 경우도 마찬가지일 거고요. 퀴즈 한번 내볼게요. 이런 경우 기대만 하는 엄마와 기대에 미치지 못하는 아이 중 누구의 잘못이 더 클까요?"

"둘 다 똑같지 않을까요? 서로 잘한 것은 없는 것 같네요."

"방금 말씀하신 것처럼 생각하는 분이 정말 많아요. 사실 그렇기 때문에 우리나라 교육 문화가 바뀌지 않는 것입니다. 이런 말씀드리기는 조금 그렇지만, 저는 기대만 하는 엄마가 더 잘못되었다고 생각해요. 이유는 간단합니다. 예를 들어 보겠습니다. 우리가 한 달에 300만 원을 월급으로 받는다고 가정할게요."

여기저기에서 웅성웅성했다.

"300만 원이라도 벌어 봤으면…."

"저희는 남편이 300만 원을 벌어 와요. 저는 꿈도 못 꾸죠."

"애들 낳기 전에는 그만큼 벌었었는데, 애들 키우면서 전업주부가 되었네요."

"하하. 이러려고 예를 든 것은 아니었는데, 이 금액마저도 굉장히 상대적이죠? 그런데 나는 딱 300만 원의 월급을 받을 정도의 능력인데, 좋은 집을 사려면 목돈이 필요하니 가족들이 내년부터는 1,000만 원의 월급을 받아오라고 합니다. 어떤 생각이 드세요?"

이번에도 여기저기에서 대답했다.

"갑자기 말도 안 되는 소리죠."

"여태까지 1,000만 원을 벌어본 적도 없는데 어떻게 벌어 오라는 건지 참."

"꼭 필요하다면 노력이라도 해 보겠는데, 어떻게 해야 벌 수 있을까요?"

다양한 대답들이 나왔다.

"지금 여러분들이 한 말들 잘 생각해보세요. 바로 그 생각들을 우리 아이들이 하고 있습니다. 입장 바꿔놓고 생각해보면 정말 당연하지 않을까요? 만약 이런 요구를 했다면, 둘 중 하나일 거예요. 불가능한 일을 요구하는 것이거나, 지금 현재 우리가 얼마를 벌고 있는지 자체를 모르거나. 그나마 성실한 분들은 일단 최선을 다해 노력은 해 봅니다. 그러다 불가능하다는 것을 깨닫고 포기하죠. 우리 아이들도 마찬가지예요. 아이들의 귀에는 공부 열심히 해서 좋은 대학 가라는 말이 방금 들은 300만 원 버는 월급쟁이에게 앞으로 1,000만 원 벌어오라는 것과 같은 말인 거예요."

"그럼 포기해야 하는 걸까요?"

"어떻게 하면 되는 거죠?"

"그럼 이렇게 여쭤볼게요. 300만 원 벌다가 400만 원을 버는 방법은 어떤 것이 있을까요?"

그러자 여기저기에서 손을 들고 대답이 나왔다.

"일하는 시간을 더 늘려야겠네요."

"휴일에 수당을 받고 일하면 되겠네요."

"일은 똑같이 하고 부업을 하나 하면 되겠네요."

"업무 능력을 키워서 승진을 빨리 하면 될 것 같아요."

말하면서도 민망한 듯 서로를 쳐다보았다.

"제가 말하려는 것이 어떤 것인지 아시겠나요? 현실적으로 접근해야 한다는 것입니다. 우리는 월급을 300만 원 받는 사람이라는 것을 먼저 인지하고 나서, 한 번에 1,000만 원을 버는 방법이 아니라 400만 원부터 벌 수 있는 현실적인 방법에 대해 직접 이야기할 수 있어야 합니다. 방금도 만약 제가 방법을 이야기해 주었다면 그냥 한 귀로 듣고 흘렸을 거예요. 여러분들이 직접 말을 하는 순간 메타인지가 되고 방법에 대해 스스로 생각해보신 거죠. 사실 메타인지라는 것이 별거 없습니다. 하지만 아이 스스로는 절대로 생각해 내지 못하는 것이기도 하죠. 아까 유튜브 열심히 보고 공부하신다는 어머님, 이제 어떤 걸 공부하셔야 되는지 감이 오시죠?"

"네. 우선 우리 아이의 수준과 단계 등 현재 상황에 대해 정확히 파악을 해야 할 것 같고요. 그 단계와 수준에 맞는 공부 방법에 대해 조금 더 공부해봐야겠네요. 그리고 욕심을 너무 내지 않고 한 단계씩 밟아 나가야겠어요. 그동안은 아이의 수준도 모르고 다음 단계도 모르고 무조건 잘하는 아이들의 방법만 따라 하려고 했었네요."

"네 잘하셨어요. 이제 어떤 것을 할 수 있는지에 대해 설명드리려고 합니다. 앞에서 어떤 노력을 하고 계시냐는 질문에 '발 넓은 엄마들과 소통하며 정보를 공유하고 있어요.', '아이를 픽업해 주고 있어요.', '집에서 직접 가르쳐 주고 있어요.' 이렇게 대답을 하셨어요. 이번에도 여러 가지 상황에 대해 어떻게 해야 하는지 설명드릴게요. 우선 발 넓은 엄마들과 소통하며 정보 공유하는 경우는 쉽게 말해 사교활동을 하는 거죠. 아까 이 대답하신 분께 여쭤볼게요. 어떤 식으로 하시나요?"

"우리 아이 친구 부모 모임인데요. 같이 모임도 하고, 활동도 하면서 자연스럽게 정보도 공유하고, 친목도 다지고 있어요."

"이 모임이 친목 성격의 모임이다. 참여하는 것만으로도 정말 즐겁고 스트레스가 풀린다 하면 괜찮아요. 하지만 그 안에서 어떤 정보를 기대하며 억지로 참여한다거나 아이 교육 때문에 혹시 몰라 참여한다면 정말 비효율적일 거예요. 혹시 억지로 참여하고 계시지는 않나요?"

"사실, 억지로는 아니어도, 모임에서 빠지게 되거나 열심히 참여하지 않으면 우리 아이만 뒤처지는 건 아닌가 걱정이 되어 억지로 참여할 때도 많이 있어요. 그래도 여러 가지 정보들도 많이 얻고, 공부 잘하는 아이들은 어떻게 하는지 보면서 도움도 많이 받고 있어요."

"자세한 것들까지는 모르지만, 사교활동은 정말 쉽지 않을 거예요. 이유는 정말 간단해요. 진짜 좋은 고급 정보들은 자기들끼리만 공유합니다. 만약 어찌어찌 들었다고 하더라도, 다 돈으로 하는 것들뿐이에요. 예를 들어 어느 학원이 좋다더라, 자리가 났다더라, 좋은 과외 선생님 소개시켜주겠다 이런 이야기들이 많지 않나요?"

"주로 그런 이야기들인 것 같아요."

"잘 생각해보면 결국 좋은 정보라는 것이 다 돈으로 하는 것들뿐이에요. 거기다 앞에서 말했듯이 우리 아이 상황에는 맞지 않는 그런 정보이기도 하죠. 열심히 사교활동을 해 봤자 결국 제자리걸음이라는 거죠."

"아… 그렇네요. 생각해보니 그동안은 하고 싶어도 자리도 나지 않았고, 비싸기도 하고 그래서 못 했던 것 같아요."

"이제 어떻게 하셔야 되는지 방향이 잡히셨으면 좋겠습니다. 그리고 아이를 픽업해 준다고 하셨던 어머님도 계셨어요. 물론 좋습니다. 아무것도 하지 않는 것보다는 훨씬 좋죠. 그런데 픽업을 보통 언제 해주나요?"

"나름대로 열심히 알아보고 잘 가르친다는 학원이나 과외를 시키고 있는데요. 차량 운행도 하지 않고, 거리도 멀어서 데려다주고 데려오고 하고 있어요."

"혹시 기간은 어느 정도 되었을까요? 하루에 픽업해주는 데 걸리는 시간은 어느 정도인가요?"

"3년 정도 된 것 같아요. 4시에서 5시까지 수업을 픽업하는 경우 3시 반에 출발해서 4시부터 5시까지 시간을 보낸 후 5시 반에 집에 도착해요. 그리고 저녁 먹이고 7시 수업을 또다시 픽업해줍니다. 그렇게 다시 집에 오면 9시쯤 되는 것 같네요. 중간에 한두 시간 텀이 있다고 해도 아무것도 할 수 없는 상황이어서 근처 카페에서 책을 보며 기다려요. 두 군데 픽업해주니까 하루에 왕복 시간만 2시간 정도는 되는 것 같아요."

"시간을 여쭤본 이유는 간단해요. 3년 동안 평일 기준으로 최소 하루 2시간 픽업을 해 주었다고 생각하고 시간을 계산해 볼게요. 평일을 250일 정도로 생각하고 2시간이 걸렸으니 1년에 500시간씩 쓰고 계신 거예요. 3년 동안 하셨으니 1,500시간을 아이들 픽업에만 쓰셨네요. 앞으로 몇 년 정도 더 하실 수 있죠?"

"딱히 생각해 보지는 않았지만, 아이 대학교 갈 때까지는 해야 하지 않을까요?"

"계산하기 쉽게 앞으로 7년 남았다고 생각해볼게요. 이미 해온 3년까지 10년이에요. 1년에 500시간씩이니까 10년이면 픽업에만 5,000시간을 길에서 쓰시는 거죠. 1초도 쉬지 않고 24시간씩 208일 동안 픽업하느라고 시간을 보내는 것입니다. 이런 시간 낭비가 왜 생기는 걸까요?"

"멀리까지 학원이나 과외를 다녀서 그런 것 아닐까요?"

"맞아요. 결국 사교육 때문이죠. 아니면 학군 좋은 학교를 보내기 위해 부모님이 희생하는 경우도 있을 거고요. 결국 사교육을 받지 않는다면 픽업하는 데 이렇게 시간 낭비를 할 필요도 없어요. 그 시간에 우리는 아이를 위해서 시간을 써야 합니다. 우리의 시간을 더 생산적으로 써야 해요."

"그러게요. 길바닥에서 거의 1년 가까운 시간을 낭비하고 있었다니 무섭네요."

"다음은 집에서 직접 가르치고 있다는 어머님께 여쭤볼게요. 어떻게 하고 계세요?"

"엄마표로 해주고 있는데요. 처음에는 방법을 잘 모르다 보니 유튜브나 블로그를 찾아보고 강의도 보면서 방법을 찾아보았어요."

"그러셨군요. 배운 대로 실행해 보셨나요?"

"다 해 본 건 아닌데 꽤 많이 실행해봤어요."

"실행해보니 잘되던가요?"

"사실 그게 문제예요. 처음에는 방법만 알면 다 될 줄 알고, 많이 공부하고 강의도 들었는데, 따라해 보니 막상 우리 아이에게는 잘 맞지 않는 방법이더라고요."

"그래서 어떻게 하셨나요?"

"해 보다가 잘 안되면 방법을 바꾸고, 다른 방법을 다시 공부하고, 반복했던 것 같아요."

"아직 해결 방법을 정확하게 찾지는 못했나 보네요. 여기 또 공부하러 오신 걸 보니까요. 하하."

"그런 셈이죠. 우리 아이에게 딱 맞는 방법을 찾기가 쉽지 않네요."

"가장 큰 문제가 어떤 거였나요?"

"아이와 자꾸 싸우게 돼요. 그때마다 새로운 방법을 배우고 공부해서 적용시켜 보려고 하는데요. 하다 보면 더 사이가 안 좋아져요. 결국 서로 상처만 입고 관계만 망가진 뒤에 다시 학원으로 보내게 되네요."

"너무 걱정하지 마세요. 어머니만 그런 거 아니에요. 대부분의 아이들이 마찬가지이고요. 실제로 초등학교 5학년이 되면 비슷한 이유로 상담을 정말 많이 옵니다. 아마 여기 계신 분들 중에도 비슷한 분들이 많을 거예요."

서울대생 엄마들의 선택

"지금까지 잘못된 열정의 문제점에 대해 중점적으로 다루어 드렸는데요. 바로 구체적인 해결책을 얻지는 못해서 답답하실 거예요. 하지만 조급하게 생각하지 마세요. 앞으로 다 말씀드릴 거니까요. 해결책을 찾기 전에 알아두셔야 할 것들이 많아요. 우선 질문 하나 할게요. 서울대 보내는 엄마들의 공통점이 있는데 어떤 걸까요?"

여기저기에서 대답했다.

"돈이 많아야 하지 않을까요?"

"부모님이 똑똑해요. 유전인 거죠."

"간섭을 많이 할 것 같아요."

"아이를 위해서라면 뭐든 할 수 있을 것 같아요."

"아이를 위해 공부도 하고 시간 투자도 많이 해요."

다양한 대답이 나왔다. 나는 평소에도 이렇게 다양한 대답이 나올 수 있는 질문을 많이 한다. 대답을 하면서 한 번 더 생각해 볼 수도 있고, 내가 생각하지 못했던 것들을 다른 사람들이 이야기할 수도 있기 때문이다. 참고로, 우리 아이에게도 이런 질문들을 자주 던지는 것이 좋다.

"다양한 대답들이 나왔네요. 지금 말씀드리려는 내용과 비슷한 대답도 있고요."

여기저기에서 웅성댔다.

"돈이 많은 것은 도움이 될 수는 있어요. 하지만 돈 많고, 고액 과외를 한다고 전부 서울대 가는 것은 아니죠. 그리고 유전이라는 것도 영향을 미치기는 하죠. 하지만 꼭 그렇지는 않아요. 유전이라고 하면 학벌도 대물림이 되어야 하는데 그렇지는 않죠. 돈과 유전자는 현실적으로 바꾸기가 힘든 것들이잖아요."

"만약 유전이면 우리 아이는 서울대 못 갈 거예요. 호호."

"아이를 위해서라면 뭐든 할 수 있다는 것과 아이를 위해 공부와 시간 투자를 한다는 것은 비슷한 맥락인 것 같네요. 이 부분도 정말 중요합니다. 그리고 간섭을 많이 할 것 같다는 것도 중요하죠. 사실 이 이야기부터 해 볼까 합니다."

"간섭을 많이 하는 게 좋은 건가요?"

"간섭이라고 하니 굉장히 어감이 안 좋게 들리죠? 정말 한 끗 차이지만, 조금 더 좋은 말로 표현해서 영향력하에 둔다고 말할게요. 서울대 보내는 엄마들의 공통점 중 하나가 아이들을 자신의 영향력하에 두려고 노력한다는 것입니다."

"영향력하에 둔다는 것이 간섭이랑 큰 차이가 있나요? 비슷해 보이는데요."

"얼핏 들으면 부정적으로 생각할 텐데요. 잘만 하면 굉장히 좋은 거고, 잘못하면 역효과가 날 수 있습니다. 영향력하에 둔다는 건 아이를 통제할 수 있도록 만드는 건데요. 항상 아이와 소통하고, 아이의 눈높이에서 대화하고, 아이가 먼저 엄마에게 이야기할 수 있도록 만들고, 스스로 공부할 수 있도록 최적의 환경을 만들어 주는 역할들을 합니다. 물론 쉽게 되는 일은 아니죠. 꾸준히 공부하고 노력해야만 가능합니다."

다들 의아한 표정을 짓고 있었다. 계속 말을 이어 나갔다.

"그런데 문제는 이것을 보고 듣고 따라 하는 분들이에요. 수년간 해온 노력이나 배움은 생각하지도 않고, 결과만 보고 따라 하는 엄마들. 주변에서 이게 좋다더라 하면 우르르 와서 배우고 따라 하고, 저게 좋다고 하면 또 우르르. 주변에서 많이 봤죠?"

"찔리네요. 제가 딱 그러는 것 같기도 하고요."

"아이고. 그럼 안 돼요. 이렇게 하는 부모님들이 과연 우리 아이에 대해 제대로 알고 있기는 할까요? 좋다는 이야기만 듣고 와서는 아이에게 '이거 해라', '저거 해라', '이건 하지 마라', '저건 안 된다'와 같이 강압적인 포지션만 취합니다. 좋다는 방법은 다 배워서 따라 하는데 우리 아이에게만 적용되지 않겠죠. 그럼 어떻게 될까요?"

"아이랑 싸우겠죠."

"그렇죠. 그러다 보면 아이와 다툼이 생기고, 결국에는 또 다른 방법을 찾아보고, 계속 방법이 바뀌니 아이는 더 혼란스러워지죠. 그동안 돌이킬 수 없을 정도로 사이가 안 좋아집니다. 결국 다시 돈을 투자해서 전문가에게 맡기고 공부시키려 하죠. 또다시 학원을 알아보고, 과외를 알아보게 됩니다. 왜 이런 일이 생길까요?"

"…."

간단한 질문이었지만 의외로 아무도 대답하지 못했다. 실제로 겪고 있는 상황이지만 다들 원인을 몰랐던 것이다.

"답은 정말 간단해요. 아이가 납득하지 못하기 때문이에요. 엄마만 이해하고 납득하는 방법으로 아이에게 공부시켰기 때문이죠. 아이 입장에서는 엄마가 강압적으로 시킨 것입니다. 강압적이라는 것이 별것 아니에요. 상대방이 강요받은 느낌이 들면 강압적인 거예요. 논리적인 설명도 없고, 납득시키려고 하지도 않는데 어떤 아이가 마음에서 우러나서 따를까요? 초등학교 저학년까지는 통할 겁니다. 자기주장이 약할 때니까요. 그동안 억지로 해왔던 것인데 엄마는 스스로 위로하죠. '잘하고 있어.', '할 만큼 했어.', '이제부터 못하는 건 다 아이 탓이야.', '나는 열심히 하는데 아이가 변하고 있어요.' 이런 이야기들 실제 상담하면서 수도 없이 들었어요."

다시 정적이 흘렀다. 말을 하지는 않지만, 이미 다들 자신과 아이의 일이라는 것을 마음속으로 느끼고 있는 것이다.

"그리고 단순히 돈만 투자하는 것이 아니라 계속해서 엄마도 공부를 해야 해요. 엄마의 공부가 아이의 공부 습관을 좌우하죠. 학원 알아보고 치맛바람 센 엄마들 좇아다니면서 쓸데없는 정보 캐고 다닐 시간에 우리 아이 옆에서 시간을 투자해야 합니다. 학원 없이도 스스로 공부시킬 수 있는 방법을 연구하셔야 해요. 필요하다면 직접 발로 뛰는 일도 하셔야 합니다. 남들이 좋다는 방법이 아니라 우리 아이에게 딱 맞는 방법을 찾을 때까지 노력하셔야겠죠."

"어떻게 해야 하는지 조금 더 구체적으로 알려주실 수 있을까요?"

"그럼 한 가지 예를 소개해 드릴게요. 각자의 상황마다 대책이 다를 테니 참고해주시면 됩니다."

"네."

"예은이 어머니는 예은이가 어렸을 때부터 학원비를 벌기 위해 일하느라 예은이에게 관심을 제대로 가져주지 못했죠. 예은이를 위해 일하는 동안 점점 예은이와 멀어지고 있는 것을 느꼈어요. 거기다 예은이가 학원 스타일에 적응하지 못하고 몇 번을 옮겨 다닌 끝에 결국 학원을 그만두게 됩니다. 어머니는 고민 끝에 체계적으로 직접 공부 관리를 하게 됩니다. 스스로 공부할 수 있게끔 노력했어요. 그러자 신기한 일들이 벌어졌죠. 예은이가 스스로 공부하기 시작하니 학원비로 쓰던 돈이 필요 없어졌어요. 원래는 예은이 학원비 벌기 위해 일을 했었는데 학원비가 필요 없으니 일도 그만두고, 예은이와 소통하고 교육하는 데 집중하셨습니다. 결국 예은이가 알아서 공부할 수 있도록 만들어 주었어요. 말은 쉽지 이 모든 것들이 어떻게 가능했을까요?"

"그러게요. 엄마가 노력을 많이 했나 보네요."

"예은 어머님은 우선 예은이를 도와줄 수 있을 만큼 가까워지기 위해 노력했어요. 아무리 좋은 방법이 있다고 하더라도 귀를 닫고 듣지 않으면 도와줄 수 없기 때문이죠. 영향력하에 두고 싶다고 이거 해라, 하지 마라는 식으로 명령을 한다면 반감만 생기게 됩니다. 그럼 예은이 어머니는 어떻게 하셨을까요?"

"명령하지 않고, 이야기를 잘 들어주었을 것 같아요."

"맞아요. 우선 예은이에게 눈높이를 맞춰주고, 공부가 왜 하기 싫은지부터 물어보셨어요. 예은이가 말했답니다. '이해가 잘 되지 않는데 진도만 나가요.' 엄마가 물어봅니다. '이해가 되지 않는 부분은 어떻게 해결했니? 선생님이 다시 설명 안 해주셨어?' 예은이가 충격적인 대답을 합니다. 뭐라고 했을까요?"

"설명을 들었는데 이해가 안 되었을 것 같아요."

"비슷해요. 이해가 되지 않아서 선생님한테 물어봤대요. 다시 설명해 주셨는데 첫 번째 설명해주셨던 것과 거의 똑같이 설명해 주셨다고 합니다. 이해가 안 되는데 선생님한테 죄송해서 그냥 이해된다고 하고 외워버린 거예요. 예은이의 대답에 충격을 받은 어머니가 물어봤어요. '그럼 여태까지 시험 점수 잘 나온 것도 이해한 게 아니라 외운 거였니?', '네….' 잠깐의 정적이 흐른 후 엄마는 이때 다짐했다고 해요. 학원 보내지 않고, 스스로 공부할 수 있도록 만들겠다고… 그때부터 유튜브에서 유명하다는 공부 방법은 다 찾아보고 시도해 보았어요. 하지만 말만 그럴듯하지 실제로는 예은이한테 맞는 교육 방식이 없었습니다. 그러던 중 저와 만나게 되었어요."

"그분도 정말 행운이네요."

"하하. 그렇죠. 가장 기본으로는 아이와의 관계를 좋게 하기 위해, 대화를 원활하게 하기 위해, 아이가 스스로 공부할 수 있도록 하기 위해 엄마가 할 수 있는 것이 무엇인지 한 번 더 생각해 보는 것입니다."

다양한 예시를 들었고, 포괄적인 이야기를 많이 하는 것처럼 느낄 수도 있다. 하지만 조금만 생각해 본다면 결국 중요한 것은 아이다. 항상 아이의 입장에서 생각해야 하고, 아이가 이해할 수 있도록 해야 하며, 아이가 직접 설명할 수 있도록 해야 한다. 그러기 위해서는 아이와 눈높이도 맞춰야 할 것이고, 대화도 많이 해야 할 것이다. 우리 아이가 좋은 대학교에 갈 수 있도록 하거나, 행복한 인생을 살게 해 주기 위해서 대단한 것들이 필요한 것은 아니다. 상황에 맞추어서 할 수 있는 것들부터 차근차근 해 나간다면 분명 우리 아이도 행복하게 공부할 수 있을 것이다.

수포자 엄마가 선생님이 되는 방법

진짜 선생님이란?

공부원동력연구소에서 학부모 교육을 하다 보면 항상 가장 처음에 듣는 이야기가 있다.

"제가 수포자인데, 수학에 자신이 없는데, 아이를 잘 가르칠 수 있을까요?"

우리나라는 전 세계에서 사교육이 가장 많은 나라 중 하나이다. 그렇기 때문에 선생님이 되는 것을 정말 대단한 것으로 생각하고, 어렵게 생각하는 경향이 있다. 하지만 이 부분에 있어서는 당당하게 말할 수 있었다.

"할 수 있습니다. 정확한 노하우와 방법만 알고 있고, 변화하고 노력하려는 자세만 있으면 됩니다. 절대 어려운 일은 아닙니다. 다만, 아무것도 하지 않고 쉽게 얻으려고 하지 마세요. 제가 도와드리겠습니다."

선생님이란 일반적인 의미로는 학생을 가르치는 사람, 학예가 뛰어난 사람을 높여 이르는 말이다. 그리고 어떤 일에 경험이 많거나 잘 아는 사람을 비유적으로 이르는 말이기도 하다. 하지만 이런 사전적 의미는 우리의 관심사가 아닐 것이다. 엄마들이 생각하는 선생님은 어떤 사람일까? 정말 많은 학부모들, 엄마에게 물어보았다.

"성적 올려주는 사람이요."

"아이를 믿고 맡길 수 있는 사람이요."

"잘 가르치는 사람이요."

다양한 대답이 나왔다. 사실 따지고 보면 이 대답들이 틀린 말은 아니다. 하지만 이것들은 모두 어른들의 기준에서 생각하는 대답들이다. 성적 올려주는 사람이라는 것도 사실 학원이나 학교를 보내면서 부모님의 간절한 바람일 것이다. 과연 아이들에게도 성적을 올려주는 선생님이 좋은 선생님일까? 곰곰이 생각해보았으면 좋겠다.

그리고 아이를 믿고 맡길 수 있는 사람이라는 것은 말만 들으면 정말 좋은 의미로 보인다. 하지만 이 안에는 속내가 숨어 있다. 아이를 믿고 맡길 수 있다는 것은 엄마 스스로, '나는 신경 쓰고 싶지 않으니 알아서 잘해 주세요.'라고 말하는 것이다. 실제로, 대부분의 학부모는학원에 아이를 맡겨놓은 채 신경 쓰지 않고, 성적을 올릴 수 있으면 만족한다. 그리고 스스로 알아보려 하지 않고, 주기적으로 보고 받기를 원한다. 엄마들에게는 이런 선생님이 좋은 선생님이다.

잘 가르치는 사람이라고 생각하는 분들도 많이 있었다. 이 또한 엄청난 모순이다. 사실상 잘 가르치는 선생님들은, 소위 말해 일타 강사들은 전부 다 모니터 속에 존재한다. 잘나가는 일타 강사들은 전부 온라인강의를 찍고 있다는 말이다. 하지만 우리는 온라인강의를 그다지 신뢰하지 않는다. 잘 가르치는 사람을 진짜 좋은 선생님이라고 생각한다면, 우리 아이들을 모두 일타 강사의 온라인강의를 듣게 하고 학원을 보내지 않아야 하는 것이 아닐까?

중요한 것은 우리가, 어른들이 생각하는 선생님이 아니다. 아이들이 생각하는 선생님이 어떤 사람인가에 주목해야 한다.

오래전이기는 하지만 우연한 기회에 큰 충격을 받을 만한 일이 있었다. 한창 열정에 불타오르던 초보 강사 시절에 아이들과 쉬는 시간에 잡담을 나누고 있을 때였다.

"민수야, 어떤 선생님이 좋은 선생님이라고 생각해?"

당연히 "잘 가르치는 선생님이요."라는 대답이 나올 줄 알고 있었고, 사실 나도 "선생님이 제일 잘 가르쳐주셔서 좋아요."라는 이야기가 듣고 싶었던 것 같다. 하지만 어른들은 아이들의 생각을 따라갈 수 없는 듯하다.

"배울 점이 있는 사람이 진짜 선생님이라고 생각해요."

전혀 예상하지 못했던 대답이었기 때문에 순간 멍해졌다. 그사이 다른 아이들의 대답이 쏟아졌다.

"제가 잘 모르는 것들을 친절하게 알려주는 선생님이 좋아요."

"힘든 일이 있어서 어떻게 해야 할지 잘 모를 때, 도움을 받을 수 있는 선생님이요."

이런 대답들에 한 방이 아니라 두 방, 세 방 먹었다. 나도 엄마들이 일반적으로 생각하던 좋은 선생님이 되기 위해 노력하고 있었던 것이다. 어떻게 하면 아이들 성적을 올려줄 수 있을까? 어떻게 하면 더 잘 가르칠 수 있을까? 어떻게 하면 학부모님들께 더 믿음을 줄 수 있을까? 이런 고민만 하던 나의 인생을 바꾸게 되었다.

사실 이때부터 아이들을 가르치는 데 있어서 우선순위가 바뀌었다. 학원비를 내는 엄마들에게 잘 보이려고 대부분의 선생님들이 노력을 많이 하고 있었고, 나 역시도 마찬가지였었다. 하지만 이제부터는 아이들이 생각하는 진짜 선생님이 되어야겠다고 마음먹었다.

'아이가 나를 보면서 어떤 걸 배울 수 있을까?'

'잘 가르쳐 주는 것도 중요하지만, 절대 화내지 않고, 친절하게 알려주는 선생님이 되어야겠다.'

'힘든 일이 있거나, 고민이 있는 학생들에게 진심 어린 조언으로 도움을 줘야겠다.'

이때부터는 엄마들에게 인기 많은 선생님이 아니라, 아이의 인생을 바꿀 수 있도록 노력하는 그런 선생님이 되기 위해 노력했다. 하지만 쉽지 않았다. 학원 강사로서, 학원 원장으로서 아이들과 매일 마주치지만, 학원을 보낼지 말지에 대한 결정권은 엄마가 가지고 있기 때문이다. 그래서 학부모의 요구사항이나 바람을 완전히 무시할 수는 없었지만 내 소신을 지키기 위해 학부모를 설득하기 시작했다.

"우리 민수가 집에서 어머님과 대화를 잘 하는 편인가요? 진짜 고민이 있으면 진지하게 고민을 털어놓던가요?"

대부분의 대답은 "아니요."였다.

"그렇다면 아이가 어떤 고민을 하는지도 들어보고, 어떤 선생님께, 어떻게 배우고 싶은지도 들어보고, 부모님께도 바라는 것이 있을 텐데, 잘 들어주고 맞춰주실 의향도 있으신가요?"

정말 놀랍게도 이번에도 대답은 "아니요."였다. 이미 본인들은 충분히 노력해 보았지만, 민수가 잘못한 것이고, 자기들은 해 줄 만큼 해주었다는 것이다. 아무리 변화를 위해 설명을 해도 인정하지 않으셨다. 정말 안타깝게도 민수 어머님만 그런 것이 아니었다. 그 뒤에도 정말 많은 학부모와 상담해 보았지만, 대부분 비슷한 대화가 오갔고, 부모님들은 잘 바뀌지 않았다.

그래서 본격적으로 연구하기 시작했다. 아이들의 부모님께 요구하기 전에 나부터 그런 선생님이 되어 보고 직접 느껴보자! 하고 생각했다.

'아이가 원하는 선생님이 되려면 무엇부터 해야 할까?'

우선, 아이와 진심으로 하는 대화가 필요했다. 그런데 '진심'이라는 말이 애매했다. 처음에는 보통의 어른들처럼, 내가 진심이라고 생각하면 된다고 믿었다. 하지만 아니었다. 나의 진심은 당연한 것이고, 아이에게는 중요하지 않았다. 아이의 진심을 알아줄 수 있어야 했고, 나 또한 진심으로 너를 위한다는 표현을 충분히 해 주어야 했다. 진심인지 아닌지는 내가 아닌 아이가 결정한다.

그러고 나면 아이가 진짜 원하는 것이 무엇인지 보이기 시작한다. 서로 진심으로 대화를 나누다 보면 아이도 슬슬 자신에 대해 오픈하기 시작한다. 그 과정에서 아이가 진짜 원하는 것을 캐치할 수 있었다. 아이가 진짜 원하는 것, 바라는 것을 나에게 솔직하게 이야기할 수 있다는 것은 나를 신뢰한다는 것과 같은 의미였다.

아이가 진짜 원하는 것을 알았다고 하자. 여기에서 끝이 아니다. 이제 시작일 뿐이다. 이제부터는 아이들이 원하는 진짜 선생님이 될 수 있다. 아이들이 진짜 원하는 선생님은 사실상 멘토와도 비슷한 의미를 가진다. 아이가 진심으로 나를 존경하게 되고, 나처럼 되고 싶다고 생각하고 의지한다면, 그것이 바로 아이들이 원하는 진짜 선생님, 멘토인 것이다. 이 과정에서 한 가지 깨달은 것이 있다.

나와 같은 수학 선생님만 진짜 선생님이 되는 것이 아니라는 것이다. 어차피 일타 강사처럼 잘 가르치는 것이 아니라면, 진심으로 아이들을 대하면서 어려움을 해결해 줄 수 있는 선생님이 되면 되는 것이다.

'그런 선생님이 되는 것이라면 나 같은 수학 전문 선생님이 아니라도, 엄마도 될 수 있겠는데?'

이런 생각이 스쳐 지나갔다. 엄마는 세상에서 우리 아이를 가장 사랑하는 사람이다. 그리고 세상에서 우리 아이를 가장 잘 아는 사람이다.

'조금만 노력하면 일타 강사보다 훨씬 좋은 선생님이 될 수 있을 것 같은데….'

'아이의 부모님, 특히 엄마가 선생님이 될 수 있다면?'

'이것이 가능하다고 하면 대한민국 교육 흐름을 완전히 바꿀 수 있을

거야.'

생각만 해도 온몸에 전율이 올랐다. '어떻게?'라는 부분만 해결이 된다면 꿈만 같던 이야기가 현실이 되는 것이다. 그리고 이 또한 해결이 가능했다. 아이에게 진짜 선생님이 되는 방법만 터득하면 된다.

모든 것을 아이의 입에서 나오게 하면 된다. 공부한 내용을 아이가 직접 설명할 수 있도록 도와주면 되는 것이다. 아이가 설명하는 것이기 때문에 엄마는 수포자여도 상관이 없다. 엄마는 아이가 공부하는 데 흥미를 느끼게 해 줄 수 있으면 된다. 잘 모르는 것이 있다면, 어느 부분을 다시 공부해야 하는지 알려줄 수 있으면 된다. 아이가 무엇을 알고 모르는지 메타인지를 시켜주면 된다. '엄마는 항상 너를 사랑하고, 관심이 많아.'라는 표현을 잘해주면 된다.

아직 막연하게 느껴질 수도 있다. 정말 내가 할 수 있을까 걱정하는 분들도 많을 것이다. 이 말을 항상 전해 드리고 싶다.

"포기하지만 않으면 가능합니다."

성공할 수밖에 없는 방법을 이미 알고 있으면서도 혼자 의심하고 따지고 불안해한다. 따라만 하면 아이의 인생이 바뀐다는데 도대체 무엇이 걱정인가? 이제부터 구체적인 방법과 노하우를 다 공개하겠다.

아이가 원하는 선생님

실제로 초등 상담이 가장 많은 학년이 초등학교 5학년이다. 어느 날 민서 어머님이 학원에 상담을 오셨다. 엄마가 직접 가르쳐주다가 내용이 어려워지고 아이를 이해시키기가 점점 힘들어졌고, 아이 사춘기까지 겹치면서 자꾸 싸우게만 된다는 것이 주된 이유였다. 민서 어머님은 오셔서 이렇게 이야기하신다.

"원장님만 믿어요. 선생님만 믿습니다."

원장님만 믿는다는 말에 민서와 진심을 다해 상담을 해 보았다. 이제 막 사춘기가 시작된 민서는 부모님과의 관계가 엉망이 되었던 이유에 대해 다 털어 놓았다.

"엄마는 제 감정에는 관심이 없어요. 무조건 엄마가 하는 말이 맞는 말이고, 제 생각은 중요하지 않게 생각하는 것 같아요."

“그럼 엄마한테 그런 감정을 표현해 보기도 했니?”

“당연히 표현해 봤죠. 그런데 엄마는 바쁘다며 들어주지도 않았고, 다른 친구와 비교하기만 했어요.”

민서는 엄마 흉내를 내며 말을 이어갔다.

“‘옆집 영호는 엄마가 신경을 안 써도 맨날 100점 맞고 공부도 잘하는데 너는 왜 이렇게 공부를 안 해? 먹여주고, 재워주고, 학원도 보내주고, 하고 싶은 것 다 시켜주는데, 엄마가 얼마나 신경을 많이 쓰는 줄 알기나 해?’ 이런 식으로요. 저도 나름 열심히 하고 있고, 더 잘하고 싶은데 마음대로 안 되는 건데, 시험 점수로만 공부를 열심히 했는지 판단해요. 시험만 보면 맨날 혼나고 잔소리해서 더 이상 엄마와 대화하기 싫어요.”

이런 일들은 사춘기가 시작되는 대부분의 학생들에게 벌어지는 일이다.

방금 민서와의 대화에서 선생님에 대한 엄마와 아이의 생각 차이를 보았는가? 진짜 선생님이 되려면 무엇부터 해야 하는지 감이 오는가? 가장 먼저 생각의 차이를 인정해야 한다. 그래야만 아이와 진심으로 대화할 수 있다. 아이와 진심으로 대화해 봐야만 아이가 진짜 원하는 것을 알 수 있고, 그래야 아이들이 원하는 선생님이 될 수 있다. 아이들의 진짜 멘토가 될 수 있다는 것이다.

아이들이 공부하면서 가장 힘든 점이 어떤 것일까? 우리는 제대로 알고 있는 걸까? 내용이 어려워서? 앉아 있기 힘들어서? 물론 다 맞는 말이다. 하지만 가장 힘들어하는 이유는 공부하는 내용을 제대로 이해하고 있는지 자체를 모른다는 것이다. 우리나라 대부분 학생들의 공통점이기도 하다. 여기에도 엄청난 이유가 있다. 사실은 어른들이 그렇게 만들고 있다. 학부모 교육을 하면서 상담을 할 때 내가 항상 여쭤 보는 것이 있다. 민서 어머니에게도 같은 내용을 물어보았다.

"아이가 공부를 얼마나 했는지 확인은 보통 어떻게 하세요?"

대부분이 대답하듯 민서 어머니도 이렇게 대답했다.

"우선 문제집 몇 장 풀었는지 확인해봐요. 몇 문제 풀었는지 확인하고, 몇 시간 공부했는지 확인해요. 숙제를 잘 했는지도 확인해요."

겉으로 보기에는 굉장히 많은 확인을 하고 관심도 많이 가지는 것처럼 보인다. 물론 민서 어머니 정도면 많이 확인하는 편이다.

"평소에는 확인을 잘 못 하다가 시험 보면 알게 돼요."

"학원에서 선생님이 알려줘요."

"제가 조금 바빠서 확인을 잘 못 했어요."

이렇게 대답하는 부모님도 정말 많다.

안타깝게도 선생님은 아이의 부모님이 아니다. 엄마처럼 신경을 써 줄 수가 없다. 사실은 엄마가 가장 신경 써줘야 하는데 막상 대부분은 그렇지 못하다. 그나마 신경 쓴다고 확인 하는 것도 문제집 몇 장 풀었는지 확인하는 수준이다. 이것은 어떻게 공부했는지가 아니라 얼마나 공부했는지를 확인했다는 의미이다. 이렇게 했을 때 아이들은 개념을 제대로 공부할까? 가장 중요한 것이 개념이지만, 대부분의 학생들은 제대로 보지 않는다. 바로 문제만 푼다. 그러다가 막히면 앞으로 넘어와서 개념을 보고 그대로 베껴서 문제를 푼다. 여기서부터 문제가 시작된다.

처음에는 숙제 양을 맞추기 위해 문제만 계속해서 풀게 된다. 초등학교나 중학교까지는 이 방법으로 공부를 해도 성적이 잘 나온다. 개념에 대한 정확한 이해 없이 문제만 반복해서 풀었을 때 성적이 잘 나오는 것이 가장 큰 문제이다. 중학생 때까지 공부를 잘하다가 갑자기 고등학교 가서 수포자가 되는 아이들이 이런 문제 때문에 발생한다. 왜 그런 문제가 발생할까? 중학생까지만 통하는 방법인데 당장 성적이 잘 나오기 때문에 잘하고 있다고 착각하고 이를 지속하기 때문이다. 결국 고등학교 때 수포자가 되어서 그제야 다시 공부해야겠다고 나를 찾아오는 사람들도 한둘이 아니다. 이런 학생들이 해마다 꼭 몇 명씩 있고, 볼 때마다 정말 안타까웠다. 더욱 안타까운 것은 이 학생들 대부분이 중학교 때까지는 전교권에 들 정도로 공부를 잘하던 학생이었다는 것이다.

처음부터 제대로 된 방법으로 공부했다면 이런 일이 없었을 텐데….

부모님이 조금이라도 더 신경 써주고 방법을 알았다면 이렇게까지는 되지 않았을 텐데….

이런 안타까운 마음이 수없이 많이 들었고, 지금 현재 이 수업을 하면서 아이 스스로 열심히 공부해서 서울대까지 보낼 수 있는 노하우를 알려주고 있는 것이다.

수포자 엄마가 선생님이 된다고?

어떻게 해야 수포자 엄마가 선생님이 될 수 있을까? 수포자와 선생님은 전혀 어울리지 않는 단어인데, 어떻게 수포자 엄마가 아이에게 선생님이 될 수 있다는 걸까? 수포자 엄마가 선생님이 될 수 없다는 편견은 이제 버려야만 한다. 앞에서 설명했듯이 공부를 직접 가르치지 않더라도 아이가 선생님이라고 인정해주는 정도만 된다면 아이에게는 선생님이자 멘토가 될 수 있다.

아이들이 생각하는 진짜 선생님이 어떤 사람이라고 했는지 기억이 나는가? 배울 점이 있는 사람, 모르는 것을 친절하게 알려주는 사람, 어떻게 해야 할지 모를 때 도움을 받을 수 있는 사람이다. 배울 점이 있고, 친절하고, 방향성을 잘 잡아주기만 하다면 특별한 노하우를 통해 선생님이 될 수 있다는 것이다.

그 특별한 노하우가 무엇일까? 바로 직접 설명해 보도록 하는 것이다. '설명할 수 있어야 진짜 아는 것이다.'라는 모토는 학원을 운영하면서 10년간 지속해온 것이다. 실제로 운영하는 학원에도 이 문구가 대문짝만하게 붙어 있다. 그만큼 학생이 설명하는 방식의 수업을 오래 연구해왔다. 수많은 학생들과 학부모님들께 다양한 방법으로 연구해 보았는데, 그중 기억에 남는 이야기를 하려 한다.

유나가 갑자기 질문했다.

"선생님, 설명하는 게 좋다는 것은 알고 있는데요. 평소에 설명하는 습관을 기르려면 어떻게 해야 할까요?"

이렇게 물어보는 것조차도 스스로 생각하고 설명할 수 있도록 대화를 이어 나가야 한다. 반대로 내가 물어보았다.

"유나야, 네가 설명할 수 있는 대상이 누구누구 있니?"

"음… 선생님이 있고요. 친구들도 있을 거고요. 엄마한테도 설명할 수 있겠네요."

"잘 알고 있네. 그럼 이 중에 누구한테 설명해봤니?"

유나는 잠시 고민하더니 이야기했다.

"음… 선생님한테도 해 봤고요. 친구들한테도 해 보긴 했네요. 엄마랑은 어렸을 때만 해 보고 안 해 본 것 같아요."

"나 말고 다른 선생님한테도 설명해 본 적 있니?"

"네, 있어요. 그런데 선생님은 우리가 뭐라고 설명하는지, 설명하는 방법에 대해 알려주는 것에는 별 관심이 없고, 수행평가로만 설명시키고 점수만 매기는 것 같아요."

"그럼 친구들이나 엄마한테 설명하는 건 어땠니?"

"친구들한테 설명하는 건 해 보기는 했는데… 저한테 잘 안 물어보더라고요."

씁쓸한 미소를 지으며 유나가 말을 이어갔다.

"엄마한테 설명하는 건 더 힘들어요. 엄마는 말해도 내용도 모르고, 대화하면 싸우기만 해요."

정말 안타깝지만 이것이 현실이다. 설명하는 대상은 다양하다. 유나의 말대로 친구에게 설명할 수도 있고, 선생님이나 엄마한테 설명할 수도 있다.

"유나야, 선생님이 어렸을 때 이야기 하나 해줄까? 선생님이 어떻게 수학을 잘하게 되었는지 궁금하지 않니?"

"좋죠! 얘기해줘요! 궁금해요!"

"선생님, 친구, 엄마 중에 가장 설명하기 쉬운 사람이 누구인 것 같아?"

"음… 글쎄요, 선생님 아닌가요?"

"내가 생각할 때는 이 중에 가장 쉽고, 효과가 좋은 방법은 친구에게 설명하는 거야. 실제로 내가 수학을 잘하게 된 이유는 친구들 덕분이거든. 선생님이 어렸을 때 이야기를 해 준다고 했지? 내가 초등학교 때는 글씨를 정말 못 썼거든. 그래서 수업시간에 필기를 잘할 수가 없었어. 어느 정도였냐면 내가 쓴 글씨를 읽는 게 너무 싫을 정도였어."

이 얘기를 들으면서 유나가 말했다.

"이거 제 이야기인 줄 알았어요. 저도 정말 못 썼거든요. 엄마한테 정말 많이 혼났어요."

"무조건 나쁘게 생각하지는 않아도 돼. 나는 이 글씨 때문에 수학을 잘하게 되었으니깐."

유나가 눈이 휘둥그레져서 물어보았다.

"어떻게요? 글씨를 못 쓰면 수학 문제 풀기 더 어려운 거 아니에요? 실수도 더 많이 하고요."

"보통은 그렇지. 나는 내 글씨가 보기 싫어서 수업시간에는 필기를 안 했거든. 대신 나중에 친구들 필기를 베껴 썼어. 이런 친구 정말 싫지?"

"필기만 베끼는 친구 정말 싫어요. 선생님이 설마 그런 친구였던 건 아닌 거죠?"

"당연히 공짜는 아니었겠지? 그 대가로 친구들에게 수학 문제를 설명해주기 시작했거든. 처음부터 잘했던 건 아니었어. 설명을 하다 보니 내가 뭘 알고 뭘 모르는지가 정확해지더라고. 친구들에게 설명하기 위해 나도 모르게 항상 설명할 준비를 하면서 공부를 했던 것 같아. 이게 몇 년간 누적이 되니 어떻게 되었는지 알아?"

"아니요. 어떻게 되었는데요?"

"다른 친구들이 볼 때 나는 정말 평범한 학생이었어. 중학교 때까지는 공부만 열심히 하는 노력파 소리를 듣다가 고등학교 때는 수학 천재라는 말까지 듣게 됐어. 공부도 안 하는데 수학을 왜 이렇게 잘하냐는 소리까지 듣게 되었지."

"와! 대단하다! 저도 그렇게 하고 싶은데 힘든 것 같아요. 친구 관계도 좋아야 하고요. 수학을 잘해야만 친구들이 물어보는데 저한테는 물어보지 않네요. 만약 물어보지도 않는데 먼저 설명하면 잘난 척한다고 오해받을 수도 있을 것 같아요. 제일 좋은 방법이기는 한데, 현실적으로 쉽지 않겠네요."

"그렇지. 나처럼 일상에서 친구들에게 설명하는 게 가장 좋지만 여러 가지 환경적인 제약이 있을 거야. 다음으로는 선생님께 설명하는 방법이 있었지?"

"그런데 이 방법도 어려운 것 같아요. 부모님 말씀으로는 옛날에는 맞으면서 공부하고, 강제로 남겨서 시키고 했다고 하더라고요. 선생님들도 밤늦게까지 남아서 열심히 알려주고 공부시켜주셨다고 하고요."

"그런 얘기도 들었구나? 선생님도 옛날에 정말 많이 맞으면서 공부했었어."

"요즘은 선생님들이 옛날처럼 그렇지가 않은 것 같아요. 선생님의 열정이 떨어진 것도 있겠지만, 요즘 그랬다가는 애들이 스마트폰 촬영이나 교육청에 신고하고 난리 날걸요?"

"그러니까. 요즘 선생님들은 적극적으로 아이들에게 공부시키고 싶어도 할 수 없어진 것 같더라고. 내가 학교 다니던 20~30년 전이랑은 많이 다르지. 요즘은 선생님이 안정적인 직장의 공무원이라는 느낌이 강하기도 하고. 선생님들도 뭔가를 적극적으로 하다가 징계를 당하는 것보다는 안정적으로 정년까지 직장 다니기 바라는 분들도 많아졌고."

"그러게요. 그래서 그런지 지적 호기심에도 관심이 별로 없는 것 같아요. 그래서 저희에 대해 과정에 주목하지 않고, 시험 점수나 결과만 가지고 판단하고 있는 것 같아요."

"그럼 남은 건 엄마한테 설명하는 것뿐이네? 그런데 이 방법도 쉽지 않지? 어떻게 보면 가장 어려울 것 같은데? 어떤 게 어려웠던 것 같니?"

"우선 엄마와 공부하다 보면 사이가 나빠지는 것 같아요. 그리고 엄마가 바쁜 날도 많이 있고요. 실력 부분에서는 당연히 직업으로 아이들 가르치는 선생님에 비해 설명 능력은 떨어질 수밖에 없고 이해가 잘 안 돼요. 그래서 저희 엄마도 공부 가르치는 건 무조건 전문가가 해야 된다는 편견을 많이 가지고 계시는 것 같아요."

"그렇지?"

"그럼 다 안 되는 건가요? 어떻게 하라는 거죠?"

"그렇게 생각할 수도 있겠네. 그래도 걱정하지 마. 방법이 없다면 내가 이렇게 설명하지도 않았겠지? 다음에 엄마한테도 설명드리려고."

불가능한 것, 힘든 것, 잘 안 되는 부분을 꼭 알려 주는 이유가 있다. 안 된다, 힘들다 생각만 하지 말고, 이것들만 해결하면 된다고 긍정적으로 생각했으면 좋겠다. 앞으로도 이 책에서는 여러 가지 상황에서의 단점들을 파악할 것이다. 이 부분을 수정하고 바꿔서 역으로 이용하면 무조건 돌파구가 나오기 때문이다. 이번에도 마찬가지이다.

그렇다면 우리가 해줄 수 있는 건 무엇일까? 우리 아이가 집에서 엄마에게 설명할 수 있는 환경을 만들어주는 것이다.

최근에 인기가 많았던 귀뚫기 영어 공부 방법에 대해 들어본 적이 있을 것이다. 어떻게 하는 건지 한번 생각해 보면 답이 간단하게 나온다. 귀뚫기 영어 공부 방법은 아이가 계속해서 영어에 노출될 수 있는 환경을 만들어 주는 방식이다. 계속해서 영어를 듣고 말하는 환경에 노출되다 보면 자연스레 귀도 뚫리고 입도 열리게 된다. 하지만 많은 사람들이 이런 좋은 방법은 영어에만 적용되는 줄 알고 있다. 사실 이런 방법을 수학은 물론이고 전 과목에 적용시킬 수 있다. 아이가 집에서 자연스럽게 설명할 수 있는 환경을 만들어주는 것이다. 아이가 직접 설명할 수 있도록 관심을 가져 주고, 엄마도 연습해야 한다.

아이를 키우는 '거꾸로 학습법'

설명하는 것이 좋은 방법이라는 것은 누구나 알고 있다. 하지만 집에서도 이런 것들이 가능하다는 것에 대해서는 아직도 의심하는 사람들이 많을 것이다. 그래서 구체적인 교육 이론에 대해 설명하려고 한다. 이 이야기까지 듣고 나면 내가 주장하는 여러 가지 방법들이 뜬구름 잡는 이야기가 아니라는 것을 알 수 있을 것이다.

많은 분께 여쭤보았다. 학생들이 직접 설명할 수 있도록 만든다. 이렇게만 되면 정말 좋다는 것은 누구나 동의를 하고 있을 것이다. 어떻게 하는 거냐. 검증된 방법이냐에 대한 궁금증이 있는 것도 당연하다. 충분히 합리적인 의심이다. 결론부터 이야기하자면 우리 아이의 인생이 달려 있는 문제인데 당연히 검증된 방법을 이용한다.

학생이 직접 설명할 수 있도록 만드는 방법은 '플립 러닝 시스템'이라는 교육 방법을 이용하는 것이다. 생소할 수도 있지만, 우리나라에 알려진 교육 방법 중에 '거꾸로 학습법'이 같은 방식이다. 플립 러닝 시스템의 뜻을 살펴보면 알 수 있다. 플립Flipped은 '뒤집힌'이라는 뜻이고 러닝Learning은 '학습'이다. 그대로 번역하면 '뒤집힌 학습'이라는 뜻이고, 이것이 거꾸로 학습법이라고 알려져 있다.

우리나라의 기존 수업은 어떤 형식으로 되어 있을까? 선생님이 칠판에 내용을 적어가며 설명해준다. 그것을 학생들은 그대로 따라 적고 알려준 대로 푼다. 이런 수업 방식을 보통 주입식 학습이라고 부른다.

그렇다면 플립 러닝 시스템, 일명 거꾸로 학습법의 수업 방식은 어떻게 될까? 미리 기본 수업을 듣고 와서 본 수업 때는 이해나 내용을 설명하는 방식으로 수업한다. 미리 듣고 오는 기본 수업은 보통 온라인 강의나 영상으로 진행된다. 기존 수업 방식의 주인공이 선생님이었다면, 플립 러닝 시스템의 주인공은 학생이다. 별것 아닌 이런 사소한 학습 방식의 차이가 결국 엄청난 차이를 만들어 낸다.

아직까지는 의아하다는 생각이 들 수도 있을 것이다. 검증된 방법일까, 혹시라도 시행착오가 있지 않을까 고민하는 분들도 아직 많을 것이다. 그래서 한가지 팩트를 더 알려주려고 한다.

여러분들이 서울대보다도 더 좋아하고, 세계에서 가장 좋다는 하버드대학교. 이 학교에서 플립 러닝 시스템을 이용해 수업한다고 하면 어떤가? 조금 전까지 반신반의하던 사람들도 갑자기 궁금해지지 않은가?

실제로 하버드대학교 의과대학에서 2019년부터 헬스 사이언스 테크놀

로지 교육시스템을 적용해서 수업했다. 말이 조금 어려울 수 있다. 한마디로 거꾸로 학습법으로 수업했다는 이야기이다. 정말 신기하지 않은가?

더 대단한 건 따로 있다. 하버드에서 하니까 뭔가 더 특별한 것을 배우지 않을까? 어렵지 않을까? 아직도 의심하는 분들이 있을 것이다. 사실 배우는 건 똑같다. 순서와 방법이 다를 뿐이다.

우리가 알던 기존 주입식 교육의 학습 순서는 이론 기초, 이론 심화, 실습의 순이었다. 여기서 순서와 방법만 살짝 바꾸면 거꾸로 학습법이 된다. 이론 기초, 실습, 이론 심화의 순서로 바꾸는 것이다. 집중해서 읽지 않았다면 뭐가 바뀐지 눈치를 못 챌 정도로 비슷하다. 자세히 보면 이론 심화와 실습의 순서가 바뀌었다.

기존 주입식 교육의 순서는 기본 개념이나 내용을 배우고 나서 바로 응용과 어려운 내용을 배운다. 그리고 이 응용이 충분히 익숙해질 때쯤 실습을 한다.

자, 이렇게 공부하게 되면 어떤 일이 벌어질까? 기초적인 부분은 어차피 새로운 내용을 배우는 것이니 어느 정도의 노력이 필요하다. 하지만 그 뒤에 바로 심화를 배우게 되면, 원리에 대한 이해 없이 암기를 할 수밖에 없게 된다. 실습을 하지 않았는데 어떻게 본질을 이해할 수가 있을까? 아무리 뛰어난 천재가 오더라도, 아인슈타인이 살아 돌아오더라도 직접 해 보지 않은 것을 완벽하게 이해하는 건 쉽지 않을 것이다.

실습시간에 상우라는 친구와 비슷한 이야기를 한 적이 있었다. 상우가 말했다.

"진짜 실습시간이 왜 이렇게 재미가 없는 걸까? 재미있었던 적이 한 번도 없는 것 같아. 도대체 왜 하는지도 모르겠어."

나도 맞장구쳤다.

"그러게. 이미 결과를 다 배우고 외웠는데, 답을 알고 있는 상태에서 실습을 하니까 더 재미가 없는 것 같아."

"토론도 왜 하는지 모르겠어. 결론을 알고 있는 문제로 토론을 하는 게 의미가 있을까?"

2 + 3은 얼마인지 물어보았을 때 결과가 5인 걸 모두가 알고 있는 상태에서 토론이 될까? 나의 의견을 설명할 수 있을까? 2 + 3을 6이라고 누가 말할 수 있을까? 하지만 결론을 미리 알고 있지 않다면 2 + 3이 6이라고 말하는 아이에게 왜 그렇게 생각하는지 물어볼 수가 있다. 우리 아이들이 다양한 사고를 할 수 있는 기회를 우리나라 교육 시스템이 막고 있는 것이다.

내가 초등학생 때 유행했던 아재 개그가 있었다. 정말 간단한 난센스 문제였다. 1 + 1은? 정답은 창문이었다. 실제 수학적인 정답은 아니지만 이런 창의적인 생각을 우리 아이가 할 수 있었으면 좋겠다.

이런 것들은 거꾸로 학습법을 하는 경우에 가능하다. 기초 내용을 배운 뒤 응용에 앞서 실습을 하기 때문이다. "2 + 3은 무엇일까?"에 대해 자기의 생각을 말하고 토론하는 실습 시간이 있기 때문이다. 1 + 1이 왜 창문인지 설명하고, 다른 사람들을 이해시키는 과정을 배우기 때문이다.

실습이라고 하는 것이 거창한 것이 아니다. 여기서 말하는 실습은 실험을 하는 과정뿐 아니라 토론하고, 체험하고, 설명하는 방법들이 전부 포함되어 있다. 사실상 본 수업이 실습이 되는 것이다. 수업 시간에 소그룹으로 나뉘어 서로 토론, 체험, 설명을 통해 옳고 그름을 가리게 된다. 학교 수업에서는 학생들이 많으니 토론하고 체험하는 과정도 많이 있겠지만, 우리가 집에서 활용하기 위해서는 설명하는 방법을 가장 많이 응용할 수 있을 것이다.

중간에 실습이 들어가면 어떤 점이 좋을까? 다양한 의견들을 들어보고, 생각해보고, 고민해보고 나서 가장 합리적인 방법으로 스스로 답을 찾을 수 있다. 이렇게 고민해보고 나서 답을 얻은 경우에는 몇 달이 지나도 몇 년이 지나도 까먹지 않는다.

평소에 설명하는 습관으로 공부를 했던 것이 정말 평범했던 내가 수학을 포함해 공부를 잘하게 된 이유이기도 하다.

최근에 내게 수업을 듣던 수강생 중 한 분의 이야기를 듣고 충격을 받은 적이 있었다. 외국에 살고 있는 분인데 그 나라의 실제 수업 방식에 대해 이야기를 나누던 중이었다.

"제가 살고 있는 나라에서는 한국과는 문제가 다르게 나와요."

"어떤 방식으로 문제가 나오나요?"

그분은 나에게 사진 한 장을 보여주며 물어보았다.

"이 사진에 있는 물건의 이름은 무엇인가요? 용도는 무엇일까요?"

그 사진에는 딱 하나의 물건밖에 없었다. 혹시 속임수가 있나? 내가 놓친 것이 있나? 혹시 함정이 있나? 하고 유심히 살펴보았다. 그 물건의 정

체는 아무리 생각해도 그냥 단순한 컵이었다. 나는 조심스레 말했다.

"그냥 컵 아닌가요? 아무리 봐도 그냥 단순한 컵인데요? 혹시 컵의 종류를 맞혀야 하는 문제인가요?"

"맞아요. 한국에서 이 물건의 이름은 컵이에요. 하지만 이 문제는 정답이 따로 있는 문제가 아니었어요."

정말 충격적이었다. 10년을 아이들이 직접 설명하는 방식으로 수업도 하고, 아이들이 주입식 교육을 하지 않게 공부시키면서도 몰랐다. 수강생분은 말을 이어나갔다.

"어떤 집은 이 물건을 물을 담는 컵으로 쓰고 있지만, 어떤 집은 연필꽂이로 쓰고 있을 수도 있고요. 어떤 집은 장식용으로 쓰고 있을 수도 있어요. 어떤 집은 아기가 장난감으로 가지고 놀기도 하죠. 이유만 논리적으로 쓴다면 모두 정답으로 인정해 준다고 해요."

결국 나 역시도 대한민국 안에 있던 우물 안 개구리였고, 배울 것이 정말 많다고 생각한 순간이었다.

우리나라는 "이 물건은 컵이야"라고 먼저 알려주고 암기하게 시킨다.

그러고 나서 시험 문제로 "이 물건은 무엇인가요?"라고 묻는다. 당연히 정답은 "컵"이다.

하지만 자기주도학습 시스템이 잘 되어 있는 외국은 그렇지 않았다. 아이가 다양한 사고를 할 수 있도록 키우려면 꼭 명심해야 한다. 이것이 거꾸로 학습법의 진짜 힘이다.

왜 기존의 교육이 무너지고 있을까

거꾸로 학습법을 응용하는 방법을 설명하기 전에 먼저 현재까지의 상황에 대해 말하자면, 거꾸로 학습법은 이미 수년 전에 국내에 도입된 수업 방식이다. 하지만 현재까지 국내에서는 성공한 수업 방식이라고 말하기 어렵다. 오히려 실패에 더 가깝다. 그런데 왜 소개하고 강하게 추천할까? 지금이 골든타임이기 때문이다. 우리도 이제부터는 더욱 확신을 가지게 될 것이다. 그렇다면 왜 거꾸로 학습법은 국내에서 실패했을까?

첫째, 우리나라 문화는 과정을 중시하지 않는다. 우리나라 사람들은 빠른 결과가 나오는 방법만 찾는다. 절대 뿌리부터 근본을 다지는 방법을 선택하지 않는다. 오래 걸리기 때문이다. 맞는 방법이라고 할지라도 결과가 바로 나오지 않으면 불안해하고, 조금 하다가 포기해 버린다.

어느 날 학생들에게 이런 퀴즈를 냈던 적이 있다.

"선생님이 퀴즈 하나 내볼게. 우리는 사과를 정말로 좋아해. 먹어도 먹어도 계속 먹고 싶어. 적은 비용을 들여서 사과를 평생 동안 매년 풍성하게, 마음껏 먹으려면 어떻게 해야 할까?"

아이들은 망설임 없이 대답했다.

"선생님! 너무 쉽잖아요. 사과나무를 묘목부터 정성껏 키워서 사과를 직접 재배하면 되지 않나요?"

"이걸 모르는 사람은 거의 없지? 그런데 우리는 왜 비싼 돈 주고 해마다 사과를 사 먹을까?"

다양한 이유가 나왔다.

"귀찮아서요!"

"시간이 오래 걸려서요!"

"나무를 키울 환경과 여건이 되지 않아요!"

"열심히 키우다가 죽으면 어쩌지 하는 걱정과 불안함 때문에요."

다시 정리해서 이야기해 주었다.

"결국 귀찮고 오래 걸리기 때문에 키워서 먹을 바에는 안 먹고 말지, 나무를 키울 환경도 되지 않고, 죽을까 봐 불안하니까 필요할 때만 사 먹지 하고 생각하는 거네?"

"그렇죠."

"그래서 평생 비싸게 사 먹을 수밖에 없는 거야. 그렇게 소중하다면, 직접 노력해 보는 것도 중요하지 않을까?"

물론 사과는 언제든 돈으로 해결할 수 있는 것이기 때문에 평생 사 먹을 수도 있을 것이다. 하지만 우리 아이의 인생은 필요할 때만 사서 쓰고, 시간이 오래 걸리고 귀찮으니까 방치해둘 수 있을까? 지금 우리는 사과나 무를 키울 생각은 하지 않고, 매년 비싼 사과를 사 먹으려고만 하고 있다. 귀찮아서, 시간이 오래 걸려서, 여건이 되지 않아서라는 핑계만 대면서 말이다.

다른 사람도 아니고 우리 아이들 인생이 걸린 일인데 귀찮아서가 말이 될까? 오래 걸린다는 게 과연 핑계가 될까? 여건이 되지 않는다고 그냥 둬도 될까? 투자한 시간이 소용없어질까 봐 겁이 나서 가만히 있을 것인가? 부모님이 아이를 믿어주고 돌봐주지 않으면 누가 책임져줄까?

외국에서는 독립심을 길러주기 위해 아이에게 과한 애정을 주지 않는다고들 한다. 하지만 절대로 대책 없이 그냥 방치하는 게 아니다. 여러 가지 경험을 통해 홀로서기 할 수 있을 정도로 만들어준 뒤 직접 부딪혀 보면서 깨우치게 하는 것이다. 그러면서 방향도 잡아준다. 이런 내용을 제대로 모른 상태에서 외국의 문화를 따라 하려고 하니 그냥 아이 하고 싶은 대로 방치하는 수준이 되어버린 것이다. 아무것도 모르고 대치동이나 강남에서 한다는 유명한 교육 방법을 아이의 감정을 무시한 채 적용하는 것도 마찬가지이다. 과정에 대해 조금만 더 신경 썼다면 외국의 교육 방법을, 강남의 교육 방법을 준비 없이 무분별하게 따라 하지는 않았을 것이다.

둘째, 주입식 문화가 아직 남아있기 때문이다. 현재 부모님 세대가 공부했던 20~30년 전에는 누구나 주입식 교육으로 공부했고, 주입식으로 공부해도 성공할 수 있었다. 하지만 지금은 절대 아니다. 더 이상 주입식 교육으로는 성공하지 못한다. 주입식 교육이 좋지 않다는 건 아이도, 엄마도, 선생님도 모두가 알고 있다. 하지만 아직까지 주입식 교육이 진행되는 이유가 무엇일까? 실제로 교육을 진행하는 엄마와 선생님들이 모두 주입식으로 교육받은 세대이기 때문이다. 어른들이 시대의 흐름을 따라가지 못하는 것이다.

군대에 있을 때 이런 이야기를 정말 많이 들었다.

"나 때는 말이야. 맞으면서 배웠어. 혼나면서 배워야 돼. 요즘 애들은 정신상태가 잘못됐어."

어디선가 많이 들어 본 말 아닌가? 군대뿐만 아니라 직장에서도 이런 이야기를 많이 들었을 것이다. 주변에서 심심치 않게 들리는 말이기도 하다. 특히 군대를 다녀온 아빠들이 자주 하는 말일 수도 있다. 심지어 아이에게도 이런 말을 했을 수도 있다.

"엉덩이 붙이고 앉아서 공부만 하면 성적이 잘 나오는데 왜 그걸 못해? 커서 뭐가 되려고 그래?"

엄마들은 자기도 모르게 이런 이야기를 자주 한다. 실제로 나도 어렸을 때 자주 들었던 말이다. 우리나라 특유의 라떼 문화 때문이다. 어른들이 시대의 흐름에 맞춰서 교육 방법만 바꿔주더라도 아이의 인생이 바뀌는데 정말 안타까운 일이다.

학원에서 상담을 하다 보면 느끼는 게 있다. 공부를 하는 것은 아이들이지만, 실제 상담은 부모님이 받게 된다. 그러다 보니 서로 생각하는 것이 정말 다르다. 아이들은 시대에 맞춰서 다양한 방향으로 공부하고 싶어 하지만, 부모님들이 아이들을 주입식 교육으로 밀어넣고 있다. 공부 방법을 선택하는 데 있어서 부모님의 의견은 최소한으로 들어가야 한다. 하지만 안타깝게도 아직까지는 부모님이 아이들 공부 방법을 결정하는 것이 현실이다. 이것이 우리나라에서 주입식 교육이 없어지지 않는 이유다.

앞으로의 교육 시스템은 누가 먼저 주입식 교육에서 탈출하느냐 시간 싸움이 될 것이다. 당연히 먼저 탈출해서 성공하는 것은 우리가 되어야 할 것이다.

셋째, 세계적인 팬데믹, 코로나 때문이었다. 실제로 우리나라에서도 거꾸로 수업이나 참여형 수업을 많이 준비하고 있었다. 정부에서도 투자를 많이 하고 있던 상황이었다. 하지만 2020년 초에 엄청난 사건이 터졌다. 바로 우리 모두를 힘들게 했던 코로나. 변화의 물살이 일기 시작하고, 과도기였던 중요한 시기에 아이들이 학교에 가지 못하고 집으로 내몰렸다. 이때부터 대한민국 교육의 단점들이 더 부각되기 시작했다. 코로나 이전의 상황을 살펴보면, 학교에서도 토론식 수업, 발표하는 수업, 설명하는 수업 등 플립 러닝 시스템의 기초가 마련되고 시행착오를 겪는 과정이었다. 앞에서 설명한 대로, 과정을 중요시하지 않는 문화와 주입식 교육 문화가 남아 있다는 두 가지 이유로 시행착오를 겪고 있을 때였다. 선생님과 학교의 자율로 기존의 주입식 교육과 토론식 수업을 병행해 가며 조금씩 변화가 있을 때 코로나가 터져 버렸다. 결국 이도 저도 아니게 되어버렸다. 기존의 주입식 교육은 선생님이 앞에서 직접 졸고 있는 학생을 깨우고, 딴짓하는 학생들에게 잔소리해야만 진행이 가능했다. 하지만 비대면 수업이 되면서 모니터 화면만 봐서는 학생들이 모니터 밖에서는 무엇을 하고 있는지 알 수가 없었다. 아이들은 수업 시간에 화면만 켜 놓고 컴퓨터로 다른 것들을 하고, 스마트폰을 하고 있었다. 맞벌이하는 부모님들이 많아졌기 때문에 수업이 진행되는 오전 시간에는 아이들을 관리해 줄 부모님도 집에 계시지 않았다. 스스로 집중하고 공부하는 능력이 전혀 없던 대한민국의 아이들은 말 그대로 방치되어 버린 것이다. 이렇게 3년이 지났다. 결과는 정말 처참했다. 상담을 오는 학생들을 보면 정말 안타까웠다.

"제가 일을 다녀서 코로나 때부터 아이를 제대로 봐주지 못했어요."

"코로나 전까지는 잘했었는데 갑자기 아이가 공부하기 싫어해서 못 시키고 있었어요."

"집에서 계속 붙어 있다 보니 답답해서 잔소리하고 싸우게 되고, 결국엔 사이가 너무 안 좋아졌어요."

"코로나 때 아이가 게임에 빠졌어요."

"학원에 계속 보냈는데 아이가 이해도 못한 채 앉아만 있다가 왔더라고요."

코로나가 생명을 앗아가고, 경제만 악화시킨 것이 아니었다. 우리 아이들의 미래도 빼앗아간 것이다. 공부 수준이 3년 전에 멈춰 있는 학생들도 많았고, 기초가 돼 있지 않는 학생들이 진도는 따라가야 하니 암기식으로 공부한 학생들이 많았다.

이번에는 코로나 때 비대면으로 공부하면서 힘들었던 점들을 아이들에게 물어봤다.

“이해가 잘 안 되는데 물어볼 수가 없어요.”

“온라인으로 수업하다 보면 자꾸 이어폰 끼고 유튜브 보고 게임을 하게 돼요.”

“선생님이 저를 잘 못 보니까 자꾸 딴짓하게 돼요.”

“친구들이 다 노니까 저도 놀고 싶어져요.”

“수업이 너무 재미가 없어요.”

다양한 대답이 나왔다. 대부분의 아이들은 스스로 공부하는 방법도 모른 채, 자기도 모르는 사이에 피해자가 되어가고 있었다. 반대로 남들 다 놀 때 꾸준히 공부한 학생들에게는 정말 좋은 기회가 되었다. 이런 양극화가 점점 더 심해지게 되니 토론식 수업도 더 어려워졌다. 온라인 환경이라 토론이나 설명하는 수업이 어려워졌고, 전면 온라인 수업이 끝난 지금도 학교에서는 갈팡질팡하고 있다. 아이들의 실력 차가 역대급으로 심해져서 같은 수업을 들을 수 없는 상황이 되었다. 그나마 공부를 조금 했던 학생들도 단순히 온라인 강의만 보며 암기식으로 공부했다. 이렇게 처참히 무너져가는 공교육에서의 단점을 어떻게 보완하느냐가 아이들의 공부 방향을 잡는 데 핵심 포인트가 될 것이다. 당연히 지금처럼 똑같이 공부시키면 큰일 나지 않을까?

거꾸로 학습법을 홈스쿨에 적용한다고?

거꾸로 학습법이 국내에서 성공하지 못한 세 가지 이유에 대해 굳이 왜 알아보았을까?

결론부터 이야기하면, 먼저 시작하는 사람부터 성공한다. 시대가 격변하고 있다. 사실 역사 속 대부분의 영웅들은 전쟁과 혼란에서 나왔다. 혼란스러운 상황에서 기회가 찾아오는 것이다. 이순신 장군도 임진왜란이라는 전쟁과 혼란이 없었다면 지금 우리가 알고 있는 만큼 대단한 영웅이 될 수 없었을 것이다. 일제 강점기라는 국가적 혼란이 없었다면 수많은 독립운동가들 또한 나올 수 없었다.

모두를 힘들게 했던 IMF라는 국가적 시련이 없었다면, 지금과 같은 IT 강국, 선진국이 되지 못했을 수도 있다. 이번 코로나도 마찬가지이다. 이제부터 어떻게 대비하느냐에 따라 우리 아이에게 다시는 오지 않을 인생의 기회가 될 수도 있다. 정말 안타깝게도 아이에게는 스스로 이런 위기를 기회로 바꿀 수 있는 능력이 없다. 부모님이, 엄마가 해주어야 하는 영역이다.

코로나가 유행하기 몇 년 전에는 대형학원들이 많았다. 하지만 이제는 대형학원보다는 우리 아이만을 위해 커리큘럼을 짜주는 소수정예 학원들이 인기가 많다. 그다음은 어디로 옮겨가게 될까? 결국에는 대한민국 교육이 어느 방향으로 흘러가게 될까? 대학에서는, 나라에서는, 기업에서는 어떤 인재를 원할까? 도전, 혁신, 존중, 협력, 소통, 창의 등이 최근 대기업 인재상의 공통 키워드이다.(잡코리아 조사 자료)

우리나라 사람들의 평균 학력은 전 세계에서 가장 뛰어나다. 그런데 왜 노벨상을 타는 사람들은 극히 드물까? 조금만 생각해 보면 알 수 있다. 우리나라는 '평균 학력'이 높을 뿐이다. 우리나라 교육 시스템이 공장에서 찍어낸 것처럼 똑같은 인재들만 찍어내고 있다는 뜻이다. 남들 다 하는 방법으로 똑같이 공부해서 대학을 가고, 대학에서도 수동적인 태도로 답이 정해져 있는 주입식 교육을 받게 된다. 이렇게 대학을 졸업하고 취직을 하고, 남들 하는 대로 똑같이 일해서 적당히 먹고살고 있다.

결국 '스스로 알아서 하고, 변화를 두려워하지 않으며, 능동적이고, 다른 사람을 존중하고, 협력과 소통을 아는 창의적인 사람'을 원하지만 대부분 그렇지 못하다. 반대로 생각해보면, 이 부분을 누가 먼저 채우느냐가 성공의 지름길이 된다. 우리 아이의 인생이 바뀔 수 있다. 이렇게 여러 능력을 모두 갖출 수 있는 가장 좋은 학습 방법이 바로 거꾸로 학습법이다.

거꾸로 학습법은 기본 내용을 온라인으로 듣고 나서 본 수업 시간에는 토론하고 체험하고 설명하는 방법이다. 이 중에서 토론하고 체험하는 것은 주로 공교육에서 해주어야 할 부분이다. 설명하는 방식의 수업은 집에서 해줄 수 있는 방법이다. 구체적으로 무엇을 어떻게 설명시켜야 하는지 비법과 노하우에 대해서는 실전편에서 설명할 것이다.

공부 방법에 관심이 많았던 지민이 어머니가 내게 물어보았다.

"앞으로 필요한 성공할 수밖에 없는 공부 방법이 있을까요?"

"지피지기 백전백승이라는 말이 있죠? 아시다시피 적을 알고 나를 알면 백 번 싸워서 백 번 다 이긴다는 유명한 말이죠. 우리의 적이 무엇일까요?"

잠시 고민하더니 대답했다.

"부정적인 생각이 아닐까요? 부담감이나 불안감일 수도 있고요."

"맞아요. 우리의 적은 부정적인 생각들이에요. 먼저 적에 대해 알아야 한다고 했죠? 거꾸로 학습법에 대한 부정적인 생각들, 부담감은 왜 생길까요?"

"거의 항상 이런 질문에서 제일 먼저 떠오르는 답은 귀찮아서인 것 같아요. 이번에도 마찬가지이고요."

"그렇죠. 귀찮아서예요. 귀찮다고 아무것도 하지 않고, 가만히 있으면 절대 나아지는 것이 없어요. 일단 움직이셔야 해요. 잠깐의 그 귀찮음 때문에 우리 아이들은 잘못된 방향으로 공부하게 됩니다. 앞으로는 귀찮아서 못했다는 이유는 절대 안 됩니다!"

"네… 괜히 뜨끔하네요."

"부담을 느끼는 또 다른 이유 생각나는 것 있으세요?"

"음… 구체적인 방법을 잘 몰라서 그런 것 같아요."

"맞아요. 대부분 학생이 직접 설명하는 방식의 공부 방법이나 거꾸로 학습법에 대해 좋다는 것은 인정하고 동의할 거예요. 하지만 막상 실행하려고 하면 뭐부터 해야 할지 어떻게 해야 할지 잘 몰라서 시작과 동시에 막히게 될 거예요. 꾹 참고 조금 진행하더라도 금방 막히게 돼서 어떻게 해야 할지 모르는 경우가 대부분입니다. 그렇기 때문에 어떻게든 방법을 찾고 싶어서 이 수업을 듣는 것이 아닐까요. 그렇다면 그 갈증을 해소해 드리는 것이 제가 해 드려야 할 역할이 아닐까 하는 생각이 드네요."

"와! 대단하세요."

"이유가 또 있어요. 어떤 걸까요?"

"또 있어요? 음…."

잠시 고민하더니 대답했다.

"아! 결과가 바로 나오지 않아서 그런 것 아닐까요?"

"잘 아시네요! 열심히 공부하고 배워서 구체적인 방법을 알게 되었다고 하더라도 실행하는 것이 가장 중요하죠. 전에 말씀드렸다시피 우리나라 문화 자체가 과정은 중요하지 않고, 결과만 중요시하기 때문이에요. 그리고 우리나라의 빨리빨리 문화 때문이기도 하죠. 우리나라 정서상 빠른 시일 내에 결과가 나오지 않으면 대부분의 사람들은 극도로 불안해한다고 합니다. 잠깐 해 보다가 누군가가 옆에서 이거 별로지 않아? 말 한마디만 하면 그때부터 불안하고 초조해지기 시작하죠. 이런 적 없으세요?"

"있어요. 이런 이야기를 들으면 생각이 많아지기 시작해요. 그러다 결국 며칠 안에 그 방법을 포기해버리고 짧은 해프닝으로 끝나버리는 것 같아요. 작심삼일이라는 말도 괜히 나온 말이 아닌 것 같아요. 3일을 넘기기가 왜 이렇게 힘든지…."

"많이 힘드시죠? 그래도 조금 더 긍정적으로 상황을 만들 수는 있어요. 결과가 금방 나오지 않는다는 것을 미리 알고 시작하는 거죠. 쉽지 않은 방법이라는 것도 미리 알고 시작한다면 마음의 준비를 하고 시작할 수 있고, 중간중간 대비를 할 수 있습니다. 주변에서 안 좋은 소리를 할 수 있다고 생각하고 미리 대비한다면 조금 더 중심을 잡을 수 있을 거예요."

"그게 참 힘드네요. 그래도 미리 마음의 준비를 할 수는 있겠네요."

"남들보다 먼저 하려면 어쩔 수 없어요. 이렇게 적을 알고 나면 이제 나에 대해서 알아봐야겠죠? 앞으로의 추이에 대해서 아는 것이 내 현재 상황과 방향을 아는 것과 비슷하기 때문에 나에 대해 알아본다고 표현해 봤어요. 앞으로 공부 방법에 대한 추이가 어떻게 될 것 같나요?"

"글쎄요. 예상하기가 힘드네요. 거꾸로 학습법 관련한 공부가 중요해지지 않을까요?"

"결론부터 말씀드리면, 정부에서는 앞으로 거꾸로 학습법과 관련된 프로그램을 정말 많이 만들 거예요. 혹시 왜 그런지 아세요?"

"아뇨. 얼른 알려주세요."

"제 이야기를 들으면 깜짝 놀랄 거예요. 저는 예언가도 아니고 족집게도 아니에요. 팩트만을 말씀드릴게요. 우선 정부에서는 기존에 토론 방식의 수업이나 참여형 수업, 거꾸로 학습법 등 다양한 방법의 교육에 돈을 쏟아부었어요. 학교 수업 방식도 바꾸려고 노력을 많이 했습니다. 하지만 여러 가지 이유로 잘되지 않았죠. 왜 그런지는 잠시 후에 설명해 드릴게요. 투자는 잔뜩 해 놓았는데 성과는 나오지 않는 엄청난 적자를 내버린 거예요. 그러던 찰나에 전 세계를 뒤흔든 코로나. 누구도 예상치 못한 상황이었죠. 이 상황에서 강제로 전면 온라인 수업에 돌입하게 됩니다. 그렇다면 대한민국 정부는 어디에 돈을 쏟아부었을까요?"

"비대면 수업 아닌가요?"

"그렇죠! 당연히 온라인 교육 시스템에 돈을 쏟아부었어요. 당장 수업을 해야 하는데 한꺼번에 다수의 학생들이 동시에 들을 수 있는 온라인 수업 플랫폼이 없었던 거죠. 당시에 온라인 교육 시스템을 만드는 벤처기업들에 쏟아부은 돈만 수백억 이상일 거예요. 토론이나 참여형 수업을 주력으로 하려고 했던 정부에서는 이 교육 방법과 크게 상관이 없는 온라인 교육에 막대한 투자를 했으니 반드시 이것을 이용하려 할 것입니다. 온라인 교육과 토론, 참여형 수업 이 모든 것들을 합친 시스템이 거꾸로 학습법인 거죠."

"우와. 정말 그렇네요. 대단해요. 무조건 해야 되는 거네요."

"얼마나 명분도 좋나요? 사교육도 없애고, 학교나 집에서 아이들과 부모님이 공부할 수 있도록 해준다고 하는데요. 일석이조인 셈이죠. 이걸 하지 않을 이유가 전혀 없는 거예요. 자, 이제 감이 오시나요? 앞으로 대한민국을 뒤흔들 교육 시스템이 뭐라고요?"

"거꾸로 학습법이요!"

"이제 전체적으로 이해가 되시나요? 이제 아까 말씀드렸던 것처럼, 먼저 시작하는 사람이 먼저 성공한다는 말의 의미가 이해될 거예요."

"더 중요한 것 하나 알려드릴까요?"

"지금까지보다 더 중요한 것이 있나요? 뭘까요?"

"지금까지의 이야기만 종합해보더라도 정부에서 거꾸로 학습법에 관련된 프로그램을 많이 만들 거라는 것은 확실하죠. 지금까지는 데이터 기반으로 설명드렸다면, 이제부터는 우리나라 문화의 관점으로 접근해볼게요. 이유는 더욱 간단해요. 전 세계에서 최고로 인정하는 학교가 어디죠?"

"하버드대학교 아닌가요?"

"맞아요. 하버드대학교에서 이미 시행하고 있던 방법이기 때문이에요. 하버드대학교에서 실행했던 방법이라고 하면 어디에서 따라 할까요?"

"서울대겠죠."

"맞아요. 이미 서울대가 하버드대학교를 따라 거꾸로 학습법을 도입했고요. 서울대가 하면 많은 국내 대학에서도 따라 하게 되죠. 결국 우리나라는 선진국에서 좋다고 하는 건 모두 따라 하는 경향이 있어요."

"정말 그렇네요. 정말 대단해요!"

"자, 그렇다면 이것을 어떻게 효율적으로 이용할지 알아봐야겠죠? 거꾸로 학습법을 적용시킬 수 있는 곳은 어디일까요?"

"학교에서도 할 수 있을 것 같고, 학원에서도 할 수 있을 것 같아요. 집에서도 할 수 있겠네요. 생각해보니 정말 많은 곳에서 할 수 있네요."

"그렇죠! 크게 보면 학교에서 하는 공교육, 학원이나 과외에서 하는 사교육, 집에서 하는 홈스쿨이 있어요. 여기서 말하는 홈스쿨은 학교를 안 보내고 하는 것이 아니라, 집에서 하는 다양한 교육들을 말하는 거니 참고해주세요. 많은 곳에서 할 수 있는 방법인데, 그중 제일 성공 가능성이 높은 곳은 어디일까요?"

"학교가 아닐까요? 그래도 아이들 가르치는 곳인데요."

"결론부터 말씀드리면 공교육에서는 성공하기 쉽지 않아요. 사교육에서도 한계가 분명히 있습니다. 결국은 집에서 직접 실행해야 해요."

"에이 집에서 가능하다고요?"

"그럼요. 우선 이유를 설명드릴게요. 공교육에서 쉽지 않은 이유는 첫째로 많은 선생님들이 옛날에 비해 열정이 없기 때문이에요. 뭐만 하면 스마트폰으로 찍고, 교육청에 신고하고 이러다 보니 선생님들도 열정이 떨어질 수밖에 없는 거죠. 둘째는 양극화가 너무 심합니다. 공부하기 싫어하는 학생과 잘하고 싶어 하는 학생이 같은 공간에 있죠. 사실상 수준이 다른 학생들이 함께 토론이나 설명하는 수업을 하는 것은 굉장히 비효율적입니다. 셋째로는 공교육에 대한 신뢰가 이미 무너졌기 때문이에요. 안타깝지만 학교가 학원보다 못하다는 생각이 사람들 머릿속에 박힌 지 꽤 오래되었어요. 실제로 학원에서 아이들이 하는 이야기만 들어보아도 학교 선생님에 대한 존경심이 별로 없어요. 정말 안타깝지만 이게 현실입니다."

"인정하고 싶지는 않지만, 맞는 말씀인 것 같아요. 우리 아이도 학교에서 배우는 공부에 대해서 부정적인 생각을 가지고 있더라고요. 그럼 사교육에서는 왜 한계가 있는 걸까요?"

"공교육과 다르게 모든 사교육은 돈과 직결되어 있어요. 저도 학원을 운영하는 원장이지만, 사실상 대부분 돈 벌기 위해 학원, 과외를 한다는 거죠. 여기까지는 좋습니다. 하지만 거꾸로 학습법은 학원 입장에서 볼 때 노력과 시간에 비해 돈이 되지 않아요. 현실적인 이유로 접근해 보면, 인건비는 계속 오르고 있어요. 그런데 거꾸로 학습법으로 수업을 하려면 누군가는 아이가 설명하는 것을 들어주어야 합니다. 하지만 아이들이 하는 설명을 한 명 한 명 다 들어주고 있기에는 선생님께 드려야 하는 인건비가 많기 때문에 비효율적입니다. 실제로 저는 거꾸로 학습법으로 학생들 수업을 하고 있지만, 선생님께 드리는 월급이 많아지더라도 진짜로 아이들에게 꼭 필요한 교육 시스템이기 때문에 고집하고 있는 거예요. 솔직히 말씀드리면 저는 학원 하는 목적이 단순하게 돈 때문은 아니기 때문에 가능한 것이죠."

"아… 저는 그 정도로 손이 많이 가는 방법인지 몰랐네요. 말씀을 듣고 보니 학원에서 하는 것이 쉽지는 않겠어요."

"학원을 운영하는 입장에서는 인건비 대비 비효율적인 방법이니 쉽게 하지 못해요. 그리고 더 중요한 이유를 앞에서 설명해 드렸는데 기억 나시나요?"

"결과가 빨리 나기를 원하는 우리나라 문화 때문 아닌가요?"

"그렇죠. 많은 학생들이 당장 이번 시험 점수가 안 나오면 그만두고 학원을 옮길 거예요. 학원 입장에서는 학생 한 명 한 명이 다 돈일 텐데 시간이 오래 걸리고 효과도 느린 방법을 선택할까요?"

"대부분 아니겠죠?"

"진짜 실력 있는 선생님들, 일타 강사들은 거꾸로 학습법을 활용하지 않아요. 한 번에 몇십 명 몇백 명씩 데려다 놓고 수업하면 돈이 얼마인데 한 명 한 명 붙잡고 공부시키겠어요? 그러니 거꾸로 학습법은 사교육에서도 현실적으로 한계가 있는 방법입니다. 그렇다면 마지막으로 남은 방법이 뭘까요?"

"직접 실행하는 방법이겠네요. 그런데 대부분은 방법을 모를 것 같은데요?"

"그래서! 이제부터 방법을 알려드리려고 해요. 구체적인 방법까지 다 설명하면 너무 오래 걸리기 때문에 우선 간단하게만 설명해 드릴게요. 아주 기본적인 프로세스는 이렇습니다. 우선 학생이 해당 부분의 개념이나 문제 등 온라인 강의를 미리 듣습니다. 그러고 나서 부모님은 학생이 들은 부분에 대해 질문을 합니다. 학생은 그 질문에 대해 설명하고, 부모님은 추가 질문을 합니다. 설명하고 질문하고 반복이 되면서 아이가 직접 설명하는 방식의 수업을 할 수 있어요. 8년 이상 직접 아이들과 해 보고, 분석하고, 연구해서 체계적인 시스템으로 만든 것이니 믿고 따르셔도 될 거예요."

지민이 어머니가 이렇게 말했다.

"정말 좋은 방법이기는 한데요. 원장님은 수학을 잘하니까 가능한 것 아닐까요? 저는 내용을 하나도 모르는데 설명을 시켜도 맞는지 확인을 해 주기 어려운데 괜찮을까요? 공부해야 하는 것이 부담스럽기도 하고요. 해 보고 싶은데 걱정이 되기도 해요."

"수학을 잘하지 못하는 보조 선생님도 충분히 설명시킬 수 있었고요. 내용을 잘 몰라도 설명하게 만들 수 있었어요. 어느 학년, 어느 단원에서 어떤 내용을 배우는지 목차만 알면 충분히 가능해요. 이 노하우는 꾸준히 배우고 연습을 하다 보면 자연스레 알게 될 거예요. 걱정하지 마세요."

엄마가 만들어주는 메타인지

앞으로 어떻게 될지도 알고, 무엇을 해야 할지도 알지만 대부분의 사람들은 막상 실천하려고 하면 뭐부터 어떻게 해야 할지 모른다. 그렇기에 시행착오와 실수를 많이 한다. 아이 교육을 어떻게 해야 하는지, 열심히 수업을 하고 나서 지윤이 어머니와 상담을 할 때였다.

"지윤이한테 설명을 시켜 보았더니, 자꾸 제가 일방적으로 질문하고, 지윤이는 대답만 하게 되네요. 이렇게 하는 게 맞는 건가요? 어떻게 해야 할까요?"

"처음 하시면 잘 안 될 거예요. 당연히 일방적으로 질문하고, 아이는 대답만 하면 안 되죠. 이런 상황이 지속되면 문제가 생깁니다. 입장 바꿔서 생각해보세요. 어른도 마찬가지입니다. 계속해서 다그치듯 질문하기만 하고, 대답을 강요한다면 취조받는다는 느낌이 들지 않을까요? 아직 감정이 성인만큼 성숙하지 않은 우리 아이들은 그 압박감과 부담이 몇 배는 될 거예요. 그렇기 때문에 질문하고 대답하는 것들이 오히려 아이가 설명하기 싫어지게 만들 수 있어요. 아이가 설명하게 하기 위해 하는 활동인데 오히려 아이가 설명하기 싫어지게 만든다면 의미가 없잖아요? 꼭! 기억하셔야 해요."

"그럼 이제부터 어떻게 해야 할까요?"

"우선, 공부한 것을 설명시키기 전에 엄마와 아이가 평소에 대화를 많이 하고 있어야 한다는 전제가 있어요. 이게 무슨 말일까요? '설명하는 데 대화가 무슨 상관일까요?'라고 생각하실 수도 있겠지만, 혹시라도 이런 생각을 가지고 있다면 마인드를 바꾸시길 바랄게요. 아이가 엄마에게 설명하는 과정은 마음에서 우러나와야 됩니다. 평소에 자연스러운 대화가 진행되지 않는다면 엄마가 질문하는 거 자체가 아이에게는 스트레스가 될 수밖에 없습니다. 그래서 아이와 대화법도 익혀야 하고, 질문하는 방법이나 노하우에 대해서도 배워야 하는 거예요. 결국 대화하듯이 묻고 답하기가 되어야 하는 겁니다. 자연스러움이 가장 중요해요. 아이가 억지로 대답한다는 느낌이 아니라, 칭찬받는 것이 좋아서, 아는 것을 설명하는 즐거움을 느껴서, 인정받는 것이 좋아서 스스로 설명할 수 있게끔 해야 해요. 평소에 대화를 많이 나누는 환경이 만들어져 있어야 묻고 답하기가 자연스럽게 가능해지고, 그렇게 되어야 아이가 느낄 때 엄마가 일방적으로 질문하고 자기가 대답만 한다고 생각하지 않고, 취조당하는 느낌이 없어질 거예요."

"시작부터 잘못하고 있던 거였네요. 그럼 대화가 된 다음부터는 구체적으로 어떻게 하면 좋을까요?"

"거꾸로 학습법은 아이가 기본 내용 강의를 먼저 듣고 와서 엄마에게 설명하는 과정으로 공부한다고 설명드렸었죠? 이때 주의해야 할 점들이 있어요. 아이들은 아직 우리처럼 집중력이 발달되어 있지 않거든요. 강의를 듣는 시간은 10분 내외가 적당해요. 물론 아이가 중학생이 되면 15~20분 정도 하더라도 괜찮습니다."

"10분으로 정해둔 특별한 이유가 있나요?"

"여러 가지 이유가 있는데요. 한 번에 집중할 수 있는 시간이기도 하고, 그 이상으로 시간이 늘어나게 되면 양이 많아져서 한꺼번에 설명하기 힘들기 때문이에요. 만약 10분이 어렵다면 7분, 5분 이렇게 조절해가면서 시켜보셔도 괜찮습니다."

"아이와 직접 해 보면서 시간을 정해야겠네요."

"그리고 가장 많이 하는 실수가 있어요. 바로 엄마의 답답함이죠. 이 수업을 듣는 분들은 아이가 설명하지 못한다고 다그치는 분은 없을 것이라고 생각해요. 하지만 아이가 설명을 잘 못하면 답답한 마음에 자꾸만 직접 설명해주게 되죠. 이렇게 되면 결국 어떻게 될까요?"

"주입식 교육을 할 때와 똑같이 될 것 같아요."

"그렇죠. 엄마가 설명해주기 시작하면, 아이는 이해가 잘되지 않을 것이고, 혼나기 싫어서 이해한 척하게 될 거예요. 그러다 보면 어쩔 수 없이 외우게 되고, 자신이 없으니 엄마와 공부 이야기를 하기 싫어지고, 피하게 되죠. 결국 대화가 단절되고, 뒤늦게 학원을 보내게 되는 악순환이 다시 시작되는 거예요. 또다시 암기식 공부의 굴레에서 벗어날 수 없게 되는 것이죠. 답답하더라도 아이가 스스로 설명할 수 있도록 기다리고 도와줘야 합니다."

"그런데 강의를 들어도 아이가 이해하지 못하는 경우에는 어떻게 할까요?"

"좋은 질문이네요. 실제로 아이와 설명하는 방법으로 공부하다 보면, 이해하지 못하는 경우가 많이 있을 거예요. 아이가 직접 설명할 수 있게끔 하는 구체적인 노하우에 대해 설명드리기 전에 알고 계셔야 할 것이 있어요. 요즘은 정보의 홍수 시대잖아요. 정말 많은 전문가들의 영상이나 블로그 등에서도 비슷한 내용은 많이 나와 있을 거예요. 하지만 그들은 포괄적으로만 알려줄 뿐 구체적으로 어떻게 해야 하는지에 대해 알려주지 않아요. 왜 그럴까요?"

"상위 1% 최상위권 학생들에게 초점이 맞춰져 있어서 그런가요?"

"그 말도 틀리지는 않지만, 대부분 이론 전문가들이라서 그래요. 이론적으로는 굉장히 전문적인 정보를 전달해 주지만, 실제 우리 아이에게 적용시켜 보면, 잘 맞지 않는 부분이 정말 많을 거예요. 아무리 이론 전문가가 오더라도 실제로 15년간 현장에서 직접 발로 뛰고, 8년간 한결같은 방법으로, 오직 아이들만을 위해 연구해온 제 노하우는 따라올 수 없을 거예요. 그렇다면 지금부터 그 노하우를 풀어드릴게요. 집중해주세요!"

"네!"

"우선 몇 가지 질문을 하면서 알아가 볼게요. 아이의 노력과 엄마의 노력 중에 어떤 것이 더 중요할까요?"

"아이가 공부하는 거니 아이의 노력이 더 중요하지 않을까요?"

"저는 엄마의 노력이 훨씬 더 중요하다고 생각합니다. 기본적으로 우리 아이들에게는 공부를 스스로 할 수 있는 능력이 없어요. 보통은 그래서 학원에 보내는 거잖아요? 학원을 보내는 것은 아이를 위한 일이 아니에요. 그냥 고민하고 싶지 않고, 잘 모르겠으니까 학원에 맡기는 것이죠. 그렇다면 엄마가 가장 먼저 해 주어야 할 건 무엇일까요?"

"아이를 믿어주는 것 아닐까요?"

"믿어주는 것도 중요하죠. 엄마가 가장 먼저 해 주어야 할 건, 어떤 말이든 아이의 입에서 계속 끌어내 주는 거예요. 공부와 관련된 주제일 필요도 없어요. 아이가 좋아하는 주제는 무엇이든 상관없이 말하는 연습을 해야 합니다. 그렇다고 그냥 아무 생각 없이 나오는 대로 말하게 하면 안 되겠죠? 조리 있게, 논리적으로 말하는 방법을 연습시켜 주시면 됩니다. 말하는 연습을 시킬 때 어떻게 도와주면 좋을까요?"

"그러게요. 설명만 듣고 따라 하려니 막막하네요."

"그렇죠. 그래서 직접 실행해 보는 것이 가장 중요해요. 우선 큰 주제를 먼저 던져주면 아이가 말하기 시작할 거예요. 하지만 평소 연습이 안 되어 있던 아이는 말을 하다가 어느 순간 막히게 되고, 그때부터 말을 멈추거나 횡설수설하게 되죠. 생각해보면 어른도 마찬가지예요. 100명이 있는 강연장에서 혼자 강단에 올라가 있다고 생각해보세요. 어떨 것 같으세요?"

"굉장히 떨리겠죠? 주변 상황이고 뭐고 떨려서 아무 생각도 안 날 것 같아요. 상상만 해도 끔찍하네요."

"이 상황에서 말하다가 뭐라고 말해야 될지 몰라서 막혀버렸어요. 그때 제일 먼저 드는 생각이 뭘까요?"

"'아… 집에 가고 싶다.', '뭐든 좋으니 누군가 물어봐줬으면 좋겠다.', '이 순간을 어떻게든 넘어가고 싶다.' 이런 생각이 들 것 같은데요?"

"그렇죠. 제가 처음 강의를 했을 때도 마찬가지였어요. 그래서 이 마음을 너무나도 잘 알고 있습니다. 이때 누군가가 아무거라도 물어봐 준다면 어찌나 고맙던지… 아직도 잊을 수가 없어요."

"그러니까요. 빨리 이 상황을 끝내고 싶을 것 같아요."

"우리 아이들도 마찬가지예요. 말을 하다가 뭐라고 해야 될지 모르겠으면 이 상황을 피하거나, 그만하고 싶어 합니다. 아니면 누군가 뭐라도 물어봐 주기를 바라겠죠. 그렇다면 두 가지 중 어떤 방법을 선택해야 할까요?"

"너무나도 당연한 것 아닌가요? 뭐라도 물어봐야 할 것 같은데요."

"설명하는 것을 연습시키려고 하는데 모르겠으면 그만하자고 하면 안 되겠죠. 그래서 말문이 막힌 아이가 다음 말을 이어갈 수 있도록 추가 질문을 해 줘야 합니다. 그런데 문제가 또 있죠. 뭘 물어봐야 되는지를 모르죠. 그래서 우리는 질문하는 방법을 배워야 합니다."

"아하! 이제 조금씩 이해가 되려고 해요. 그런데 질문을 해야 하는 이유가 따로 있을까요? 좋은 건 알겠는데, 뭔가 특별한 이유가 더 있지 않을까 해서요."

"이렇게 생각하시면 이해가 더 빠르겠네요. 아이들은 스스로 무언가 할 수 없을 뿐 아니라 메타인지 능력이 거의 없어요. 아니, 그냥 아예 없다고 보시면 편해요. 메타인지라는 말은 많이 들어보셨죠?"

"네. 요즘 메타인지가 대세잖아요."

"그렇다면 아이들의 메타인지는 누가 시켜줘야 할까요? 바로 부모님의 역할입니다. 아이가 뭘 아는지, 뭘 모르는지를 인지하게 해 줘야 합니다. 그래야 뭘 공부해야 하는지 알 수 있죠. 스스로 메타인지를 하지 못하니 엄마가 도와줘서 직접 몸으로 느끼게 만들어 줘야 합니다. 그럼 뭘 질문해야 할까요?"

"모르는 부분을 물어봐야죠."

"맞아요. 정확히는 이유를 물어봐야 합니다. 설명을 제대로 한 부분은 왜 그렇게 생각하는지, 제대로 이해하고 설명한 것인지, 외워서 설명하고 있는 것인지 스스로 느낄 수 있도록 물어봐 주어야 합니다. 설명을 못한 부분은 어떤 것 때문에 잘 모르겠는지, 설명이 잘못된 부분은 실수인지, 잘 모르는 건지 다시 물어봐 줘야겠죠. 어느 부분을 모르는 것인지도 물어봐야 하고요. 그리고 풀이는 할 줄 알지만 설명만 못하는 건지도 확인해 줘야 합니다. 별거 아닌 것처럼 보이지만 이렇게 한 번 더 물어봐 주는 것만으로도 엄청난 도움이 됩니다."

"한 번 더 물어봐 주고 확인하라는 것이군요. 체크했어요."

"이쯤 되면 또 궁금한 것이 생겼을 거예요."

"네. 뭐라고 질문을 하면 좋을까요?"

"설명을 제대로 한 부분에 대해 질문할 때는 핵심을 확인할 수 있도록 질문해야 하고, 스스로 해결책을 만들 수 있도록 질문해야 해요. 그리고 문제가 변형되더라도 설명할 수 있는지도 질문해야 합니다. '왜 그렇게 생각하니?', '이 부분에서 가장 중요한 건 뭘까?', '다른 방법으로도 설명할 수 있니?', '그래서 결론이 뭘까?', '어떤 문제에 응용할 수 있을까?', '사과가 두 개일 때 푸는 방법에 대해서 잘 설명했네. 그럼 사과가 세 개일 때는 어떻게 될까?' 이런 식으로 상황에 따라 다양한 질문을 할 수 있어요."

"만약 설명을 아예 못 한 경우에는 어떻게 물어보면 되나요?"

"'여기까지는 설명할 수 있겠니?', '어느 부분부터 막히는지 차근차근 하나씩 설명해볼 수 있겠니?', '이 부분은 어떤 것 때문에 막히니?', 이때는 구멍을 찾아주는 것이 가장 중요해요. 보통은 아예 모르지는 않거든요. 중간에 막히는 것이 생기면 나도 모르게 사고가 정지되면서 아는 것도 설명하지 못하게 되죠. 막히는 그 부분을 정확하게 캐치해서 원인을 찾아줘야 합니다. 원인은 어디에 있을까요?"

"지금 배우는 부분의 개념이 이해가 잘되지 않은 것 같아요."

"대부분 그렇게 생각할 거예요. 하지만 보통 이런 경우에는 현재 배우는 부분이 문제가 아닌 경우가 대부분입니다. 이미 기존에 배웠던 앞부분부터 이해가 되지 않은 거죠. 이미 배운 부분인데 이해가 되지 않아 설명하지 못하는 것을 잡아 주는 것이 우리가 해야 할 가장 큰 역할 중 하나입니다."

"아하! 앞부분이 문제였던 거군요!"

"그럼 설명이 잘못된 부분에 대해서는 어떻게 물어볼까요?"

"'다시 한번 설명해볼래?' 이런 식으로 기회를 줘야 하지 않을까요?"

"조금 더 구체적으로 물어봐 주셔야 돼요. '이 부분에 대해서 다시 한번 설명해볼래?', '앞에서 배운 분수의 덧셈 단원은 이해가 되니?', '이 부분을 식으로 다시 써볼래?', '이해가 잘되지 않는 부분이 어디부터니?' 이런 식으로요. 설명했는데 틀린 경우에는 대부분 아이가 알고 있다고 스스로 착각하는 경우가 많아요. 그래서 메타인지를 정확히 시켜줘야 합니다. 메타인지 설명드렸던 것 기억 나시죠?"

"네. 기억 나요."

"어느 부분이 부족한지, 어느 부분을 복습해야 할지 정확하게 알려주셔야 해요. '이 부분이 조금 어려웠구나?', '두 자릿수 곱셈이 잘 안되는 것 같네.', '이 부분은 3학년 1학기 곱셈 단원에서 나오니 다시 한번 공부해보고 나서 설명해보자.' 이렇게요. 그렇다면 두 자릿수의 곱셈이 어느 부분에 나오는지는 어떻게 알 수 있을까요?"

"그러게요. 따로 공부를 해야 하는 걸까요?"

"아이들에게 설명시키고 제대로 구멍을 메워주려면 아이가 배우는 커리큘럼을 제목이라도 알고 있어야 합니다. 수학적인 내용은 몰라도 괜찮습니다. 하지만 어느 부분에 어떤 내용이 나오는지 대략적으로라도 알고 있어야 아이에게 구체적으로 이 부분을 복습하라고 말해 줄 수 있어요.

질문을 계속해서 하는 이유 중 가장 중요한 것이 뭐라고 했었죠?"

"메타인지를 시키는 거요."

"그렇죠. 메타인지를 시켜주고 구멍을 메워주려는 것이죠. 하지만 구멍을 찾아내는 것보다 구체적으로 복습을 시키는 것이 더 중요합니다. 하지만 평소에 어떻게 하고 계신가요?"

"'다시 공부해!' 하고 끝냈던 것 같아요."

"대부분 비슷해요. 그나마 조금 신경 써주시는 분들은 '두 자릿수 곱셈 부분을 다시 공부해봐.'라고 하시죠. 안타깝게도 이렇게 말씀하시면 99%의 아이들은 스스로 그 부분을 찾아서 공부할 수 없어요. 아이들뿐 아니라 모든 사람은 기억이 잘 나지 않는 것은 아예 배우지 않았다고 생각하는 경우가 많아요. 아이들도 기억이 나지 않는 것은 배우지 않았다고 생각해버립니다. 복습해 보라고 해도 어느 부분에 있는지를 모르는 거죠. 그럼 어떻게 이야기해 주어야 할까요?"

"조금 더 구체적으로 이야기해 주어야 할 것 같네요."

"'3학년 1학기 곱셈 단원에서 두 자릿수 곱셈 부분 강의를 다시 들어보고 엄마한테 다시 설명해보자.'라고 구체적으로 이야기해줘야 그제야 찾아서 복습합니다. 스스로 찾아서 공부하는 습관이 되어 있지 않으면 어디쯤인지 알려줘도 찾지 못해요. 그럴 때는 그냥 몇 페이지 펴 봐 하는 것보다는 목차를 보고 직접 찾는 방법을 알려주시는 것이 좋아요. 처음에는 굉장히 어려울 거예요. 하지만 이 과정들이 익숙해진다면, 정말 어마어마한 효과가 나타날 것입니다."

"와! 정말 대단하네요. 상상도 못 한 내용들이 많아요."

"특히 수학에서는 구멍을 메우지 않고 그냥 넘어가게 되면 아무리 열심히 해도 한계가 있을 수밖에 없어요. 문제집 푸는 양이나 선행, 진도에 목매지 마세요."

"그럼 어떤 것이 중요하죠?"

"가장 중요한 건 정확하게 이해하고 넘어갔느냐, 하나를 하더라도 제대로 설명할 수 있느냐입니다. 100 문제를 푸는 것보다 개념을 정확하게 이해하고 10 문제를 푸는 것이 훨씬 더 좋습니다. 꼭 명심하세요."

03 CHAPTER

아이 스스로 공부하게 만드는 비법

우리 아이도
홈스쿨이 필요하다

홈스쿨링 방법은 어떤 학생들에게 필요할까? 성취도와 성실성에 따라 고민을 4가지 유형으로 정리해 보았다.

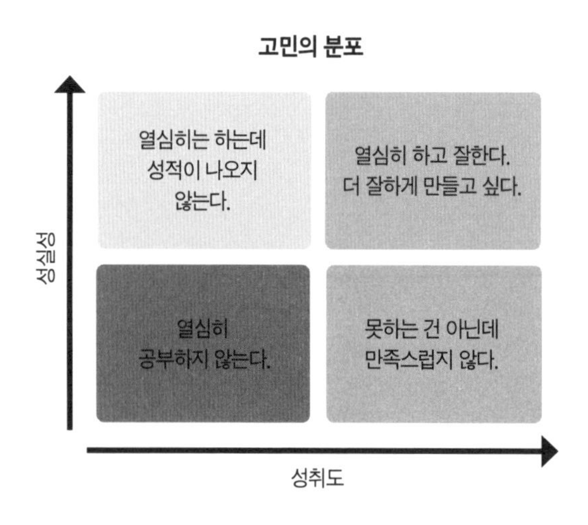

1) 열심히 공부하지 않는다

영준이 어머니는 거의 포기 상태로 상담에 왔다. 아이가 열심히 공부하지 않는 경우는 대부분 학부모들이 포기 상태로 상담을 한다.

"영준이가 수학을 거의 포기한 상태예요. 열심히 하지도 않고요. 많이 바라지 않습니다. 어떻게든 공부하게만 만들어주세요."

"영준이에게 무슨 일이 있었을까요?"

"사춘기가 온 뒤로는 친구들과 놀 생각뿐이고, 게임만 해요. 다른 과목도 싫어하지만, 특히 수학을 싫어하는 것 같아요."

"어머님, 영준이가 왜 공부하기 싫은지, 수학은 왜 어려운지, 언제부터 문제였는지 이런 것들에 대해서 혹시 알고 계시나요?"

잠깐 정적이 흐른 후 대답했다.

"잘 모르는 것 같아요."

"공부도 중요하지만, 지금 영준이에게는 근본적인 대화가 더 필요합니다. 앞으로는 어떤 것이 하고 싶은지도 대화하면서 알아가면 좋고, 어머님은 영준이와 대화하는 스킬도 익히시는 것이 좋을 것 같아요."

"조금 늦은 것 같기도 한데요. 중학교 2학년인데 지금부터 노력한다고 해결이 될까요?"

"해결이 되고 안 되고는 우리가 어떻게 노력을 하느냐에 따라 달라지는 거예요. 중2면 고등학교 때 온 것보다는 빠른 거잖아요? 지금이라도 노력하면 분명 효과가 있을 거예요."

"네. 감사합니다."

"혹시 영준이도 학원 다니면서 이해되지도 않는데 진도만 나가고, 계속 해서 외우다가 포기하게 되고, 학원에 앉아만 있다가 오지 않았나요?"

"어떻게 아셨어요? 제가 말씀드렸던 적이 있었나요?"

"말씀해 주셨다기보다는 어머님처럼 말씀하시는 분들 대부분이 비슷한 상황이거든요. 이런 상황이라면 어떤 것들을 확인해 보아야 할까요?"

"어디부터 문제인지 알아야 할 것 같아요."

"그렇죠. 어디까지 이해하고 있고, 어디부터 외워온 것인지 반드시 확인해서 그 지점부터 다시 이해하는 공부를 해야 합니다. 여기에서 정말 중요한 것이 있어요."

"중요한 게 뭔가요?"

"대부분의 경우 성적에 눈이 멀어 지난 부분의 이해를 포기하고 당장 성적 잘 맞는 것을 선택하게 됩니다. 이건 절대 해서는 안 될 선택이에요. 이해 없이 성적이 나오는 것은 길어야 중학교 때까지입니다. 공백을 메우지 않고 계속해서 밑 빠진 독에 물만 붓는다면 결국 실패합니다."

"공백을 메우고 공부하도록 하는 것에는 동의해요. 그렇다고 당장 성적을 포기하기도 너무 불안하네요. 방법이 없을까요?"

"어떻게 해서든 초등, 중1 내용 복습부터 시작해서 고1 전까지 중3 진도까지라도 체계적으로 이해하고 따라올 수 있다는 확신과 여유가 있다면 당장 시험 성적보다는 중1, 2 내용을 복습해도 괜찮습니다. 물론 시간적 여유가 있는 중1 이하의 학생이면 무조건 부족한 부분을 전부 복습한 뒤 다음 단계를 나가야 합니다. 이 부분을 지켜 줄 수 있을까요?"

"네. 열심히 해 볼게요. 감사합니다."

상담을 하다 보면 많은 분들이 현행 과정과 선행 과정의 공부를 포기하지 못한다. 중학생에게 초등학교 6학년 내용부터 복습해야 한다고 하면 세상이 무너지는 줄 아는 분도 계시고, '우리 아이가 그렇게 잘못된 건가요?' 하며 실망하는 분도 계신다. 결국 이런 분들은 위로를 받고 싶어 하는 것이다.

'우리 아이 희망이 있어요.', '엄마도 잘하고 있어요.'와 같은 칭찬을 듣고 싶어 한다. 하지만 진정으로 아이를 위한다면 좋은 소리만 들어서는 안 된다. 지금까지 그래 왔기 때문에 문제가 더욱 심각해진 것이므로, 지금부터라도 변하려고 노력하고, 제대로 된 방법으로 다시 도전해 보았으면 좋겠다.

2) 열심히는 하는데 성적이 나오지 않는다

서현이는 정말 성실한 아이이다. 내가 본 아이 중에서 정말 착하고 성실한 학생 중 한 명이다. 어느 날 서현이 어머니와 대화를 나눌 기회가 있었다. 서현이 어머니가 물었다.

"서현이가 열심히는 하는 것 같은데 기대만큼 성적이 잘 나오지 않는 것 같아요. 무엇이 문제일까요?"

이런 경우가 종종 있다. 사실 정말 다양한 케이스가 있기 때문에 아이들마다 성향과 원인을 분석해서 올바른 공부 방법을 찾아주는 것도 내 역할 중 하나이다.

"서현이는 굉장히 성실하고 착하고, 열심히 하는 것처럼 보이죠. 그런데 생각만큼 성적이 나오지 않아 속상하셨죠?"

"네. 차라리 놀면서 못하면 열심히 시키면 되는데, 지금은 뭐가 문제인지도 모르겠고, 어떻게 해야 할지도 모르겠고, 서현이 보고 있으면 안쓰러워 죽겠어요."

"서현이가 정말로 열심히 하는지 확인해 볼 필요가 있어요. 의외로 '하는 척'을 하는 경우가 상당히 많거든요."

"무슨 뜻일까요? 서현이가 공부하는 척만 한다는 건가요? 앉아만 있다가 온다는 건가요?"

"서현이뿐만 아니라 이런 경우 대체로 아이가 부모님의 관심을 받기 위해 보이는 공부만 하고 있을 가능성이 높아요. 혹시 공부를 열심히 한다고 생각하는 기준이 어떤 것일까요?"

"학원 열심히 다니고, 숙제 잘 하고, 밤늦게까지도 공부하고 있는 것 같았어요."

"따로 확인이나 검사를 하시는 건가요?"

"직접 설명시키는 것까지는 못 해봤지만, 가끔 숙제한 것 정도는 확인하고, 문제집 푼 것들을 한 번씩 보고 있어요."

"이런 경우 부모님은 남들이 하는 방법대로만 공부를 강요하고, 질이 아닌 양으로만 아이가 공부했는지 판단하는 경향이 있어요. 숙제를 얼마나 했는지, 공부를 몇 시까지 했는지에 초점을 맞춰서 확인하다 보면 아이는 숙제를 많이 하고 문제집을 많이 풀어야 열심히 하는 줄 알게 돼요.

그리고 늦게까지 공부하는 것이 열심히 하는 것이라고 생각해서, 집중이 되지 않더라도 멍하니 앉아 있는 경우도 많고요."

"저도 바빠서 그런 부분까지는 신경을 쓰지 못했네요. 조금 더 관찰하고, 제대로 된 방법으로 공부시켜 봐야겠어요."

"한 번 더 원인을 파악해보고 여러 가지 시도를 해 보시는 것이 좋을 것 같아요. 겉으로 보이는 모습과는 다르니까요."

개인적으로는 부모에게도 큰 잘못이 있다고 생각한다. 남들이 하는 대로 따라 하면 절대 안 되고 내 아이의 실력과 방식에 맞는 공부를 시켜야 한다. 직접 설명하는 방식의 공부가 가장 절실하게 필요한 학생들이다.

아이가 수학을 어려워하는 이유는 하나이다. 이해되지 않았기 때문이다. 간단한 내용이어도, 이미 지나온 학년의 내용이라도, 무조건 이해시키고 넘어가야 앞으로 계속해서 공부할 수 있다. 지금 당장의 성적은 절대 중요하지 않다. 고3 수능 때까지 길게 보아야 한다. 아이는 열심히 하는데 부모님이 제대로 된 방향을 알려주지 못해서, 부모님의 기준으로만 아이에게 이래라저래라 해서 아이의 인생을 망친다면 너무나도 안타깝지 않을까?

3) 못하는 건 아닌데 만족스럽지 않다

설명회를 하다 보면 이런 분들이 가장 많이 온다. 못하는 건 아닌데 만족스럽지 않은 경우이다.

"수학 공부를 하면서 어떤 고민이 많으셨을까요?"

질문에 대한 대답은 각양각색이다.

"연산 부분에서 실수를 많이 해요."

"더 잘하게 하려고 학원을 많이 보내는데 효과가 없네요."

"어떤 교재를 쓰는 것이 좋을까요?"

"어느 정도까지 푸시를 해야 할지 모르겠어요."

많은 어머님들은 아이들 공부 욕심이 많다. 하지만 문제는 아이들의 생각은 다르다는 것이다. 시키니까 열심히 하고, 하기는 하는데 왜 해야 하는지 잘 모르는 경우가 대부분이다. 하지만 희망을 가져도 된다. '한 가지'만 바꾸면 된다. 아이에게 왜 공부를 해야 하는지에 대한 동기부여를 계속해서 해주어야 한다. 그리고 항상 납득을 시켜주어야 한다. 할 수 있는데 안 하는 아이는 납득을 해야만 움직인다.

스스로 공부를 해야 하는 이유를 찾아야만 하고, 이것만 찾게 된다면 직접 설명하는 방식의 수업을 잘 따라오게 된다. 그렇게 되면 상위 10%가 되는 것은 시간 문제이다.

"연산 부분에서 실수를 많이 한다는 어머님, 잘 들어주세요."

"네."

"실수를 많이 하는 것은 보통 편법 등 잘못된 방법으로 배웠고, 그 방법으로 처음에는 문제가 풀렸기 때문이에요. 어설픈 암산으로 실수하는 경우도 있고, 풀이를 제대로 쓰지 않아서 실수하는 경우도 많아요. 풀이를 정리해서 쓰는 방법을 연습시켜야 하고, 잘못된 방법이라는 것을 이해시키고 인정하게 만드는 것이 중요합니다."

"몇 번 이야기를 해 보았는데요. 인정도 잘 하지 않고, 잘 고쳐지지도 않았어요."

"정말 안타깝지만 이 부분에서는 아이에게 설명을 시켜보지 않는다면, 제대로 이해하고 풀었는지 아니면 편법으로 풀었는지 확인하기가 어려워요. 확인하지 않고 그냥 이야기하면 인정하려 하지 않을 거예요. 그래서 확인이 더 중요한 것이고요."

"다시 한번 확인해 보고 이야기해 볼게요."

"아시다시피 실수가 많아지면 실력입니다. 그리고 실수 많이 하는 학생들에게 그 문제를 설명해보라고 하면, 대부분 잘 못하죠. 감으로 풀고, 문제를 푸는 방법만 외워서 풀기 때문이에요. 반드시 설명을 시켜보셔야 합니다."

사실 실수를 많이 해서 고민인 학생들이 정말 많다. 처음에는 진짜 실수인 줄 알았다. 하지만 실수를 반복하는 학생들은 치명적인 습관이 있다. 암산을 많이 하고, 식을 잘 쓰지 않는 것. 쓰더라도 정리해서 쓰는 것이 아니라 여기 조금, 저기 조금 쓰기 때문에 여러 식이 섞여 있으면 그 문제의 풀이를 어디에 적었는지도 모르는 경우가 많다. 결국 실수도 습관이고, 습관을 고쳐야만 실수를 줄일 수 있다.

"학원을 많이 보내는 어머님께도 드리고 싶은 이야기가 있어요. 물론 아이가 원해서 다니는 경우에는 어쩔 수 없지만, 대부분은 부모님이 시켜서 다니는 경우가 많아요. 어떤 학생은 수학 한 과목을 하는데 연산 따로, 교과 수학 따로, 사고력 수학 따로 다닙니다. 물론 다 하면 좋을 수는 있죠. 하지만 대부분은 힘들어하고, 형식상 하는 경우가 많습니다. 효과가 없다면 아이와 대화를 충분히 나누고 꼭 필요한 수업만 남기고 정리하는 것도 방법 중 하나예요. 원하지 않는 공부를 시키는 것 자체가 주입식 교육의 시작입니다. 대화를 통해 잘하고 싶도록 만드는 것이 중요합니다."

실제로 많은 아이들이 학원을 필요 이상으로 다닌다. 특히 가능성이 보이는 아이일수록 부모님은 기대감에 더 시킨다. 이런 스트레스를 버티지 못하고 중요한 시기에 엇나가는 아이들을 정말 많이 보았다. 정말로 아이가 원하는 경우가 아니고는 집에서 자기주도학습 방식으로 공부할 수 있도록 도와주는 것이 훨씬 현명한 방법이다.

"교재에 대해 말씀해주신 어머님도 계셨는데요. 사실 교재는 중요하지 않다고 생각해요. 설명이 잘되어 있는 교재도 있겠지만, 우리 아이의 수준에 맞는 문제를 풀게 하는 것이 정말 중요하죠. 어머님은 교재에 대해 물어보는 이유가 혹시 어떤 것 때문일까요?"

"심화 교재와 선행 교재에 대해 궁금한 것들이 많아서요. 어려운 문제 같은 경우는 제가 쓰는 교재가 괜찮은지도 모르겠고, 이 문제집을 다 풀면 다음으로는 어떤 문제집이 좋은지도 궁금해요."

"문제의 난도가 높은 것이 중요하진 않아요. 개인적으로 경시대회 문제도 대학교 진학에는 크게 중요하지 않다고 생각합니다. 부모님의 자기만족인 경우가 정말 많아요. 우리 아이 어디 경시대회에서 몇 점 맞았다 이런 이야기를 하고 싶은 거죠. 만약 어떤 교재가 우리 아이에게 맞는 건지 확인이 어려우면 따로 말씀드리겠습니다."

실제로 교재 관련 문의는 정말 많다. 그런데 대부분이 비슷한 생각을 가지고 있다. 아이가 어려운 문제집을 풀고 있는 경우에는 매우 자랑스럽게 이야기한다. 막상 아이의 문제집을 확인해보면 알고 푸는 문제가 절반도 되지 않는다. 그나마 맞힌 문제조차도 반 이상은 설명하지 못한다. 이것은 무엇을 의미할까? 과연 아이의 수준에 맞는 문제를 풀고 있는 것일까? 한 번에 풀지 못하기 때문에 일단은 틀리고, 질문 후에 선생님의 설명을 듣고 나서 그 내용을 그대로 필기할 것이다. 그런 후 다시 풀어보거나 이해를 하는 것이 아니다. 그냥 외우거나 모른 채로 넘어가게 된다. 가장 비효율적인 공부가 되어 버린다. 그럼에도 많은 부모님은 심화를 포기하지 않는다. 간단하게 생각하면 부모님이 욕심을 포기하지 않으면, 아이가 공부를 포기하게 된다.

그럼 어떤 교재가 아이 스스로 공부할 수 있도록 하는 좋은 교재일까? 아이가 직접 설명하는 방식의 수업에서는 온라인 강의를 듣는 것이 필수적으로 필요하다. 그렇기에 교재 또한 온라인 강의가 있는 것을 추천한다. 시중에 온라인 강의가 포함되어 있는 정말 많은 교재들이 있고, 대표적으로 EBS 교재도 해당한다. 특정 교재를 언급하지 않을 것이고, 그럴 필요도 없다. 특히 수학의 경우에는 교재별로 큰 차이가 없다. 쉬운 단순계산 문제부터 복잡한 서술형 문제까지 교재 한 권에 다 들어가 있으면 된다.

"아까 질문 주신 분과 마찬가지로, 많은 분들께서 고민 중이신 부분이 '푸시의 정도'일 텐데요. 이 부분은 정말 개인차가 많기 때문에 개별적인 상담이 필요한 부분입니다. 어떤 아이들은 강하게 푸시를 해야 효과가 있는 반면, 어떤 아이들은 역효과가 나기도 하죠. 대화를 통해 아이의 성향을 파악하고, 계속해서 맞추어 나가야 하는 부분이에요."

"그럼 알려줄 수 있는 것은 없나요?"

"한마디로 답을 드릴 수는 없지만, 푸시의 정도를 정하는 가장 좋은 방법은 '약속'과 '보상'입니다. 예를 들어 휴대폰을 하루에 1시간만 쓰기로 약속했다면, 아이가 정말 1시간만 쓰게 하고, 약속을 지킨 것에 대한 보상을 해 주시면 되는 거죠. 이때 그냥 보상을 해 주는 것이 아니라, 1시간만 썼다는 것을 확인시켜줄 무언가를 아이 스스로 찾아오게 하고, 확인이 되면 바로 보상을 해 주는 식입니다."

"약속을 지키면요?"

"약속을 지키면 다음 날에도 1시간을 하게 해준다든지 직접 조율해서 여러 가지 방법을 활용하시면 됩니다. 핵심은 부모님도 약속을 무조건 지켜 주셔야 한다는 것이죠."

"유튜브로 뭘 보는지 확인을 하거나 추천을 해 주는 것도 괜찮나요?"

"정말 보면 안 되는 것을 보는 것이 아니라면, 믿고 맡겨주는 것이 좋아요. 신뢰 관계가 무너진다면 더 이상 부모님의 말씀을 믿으려 하지 않기 때문이죠."

실제로 어느 정도까지 푸시를 해야 하는지에 대한 상담도 정말 많다. 정말 안타깝게도 이렇게 상담을 요청하는 분들은 대부분 푸시를 많이 하고 있다. 문제가 생겼기 때문에 그제야 고민이 되고 상담을 받는 것이다.

제일 중요한 것은 서로의 신뢰 관계이다. 똑같은 말도 상황에 따라 조언이 되기도 하고 잔소리가 되기도 한다. 그리고 말하는 사람과 듣는 사람의 관계에 따라서도 바뀐다. 전부는 아니지만, 대부분의 경우에 부모님은 인생 조언이라고 생각하고 말을 하지만 아이들이 받아들일 때는 그냥 또 똑같은 잔소리일 뿐이다. 신뢰 관계에서 문제가 생긴다면 결국 아이와 멀어질 수밖에 없다.

정말 흥미로운 점도 하나 있다. 아이에게 푸시를 얼마나, 어떻게 해야 하는지에 대해 궁금해하는 분들의 80% 이상은 초등학교 저학년 학부모들이다. 이유가 무엇일까에 대해 고민을 많이 했고, 나름대로 한 가지 결론을 얻었다. 초등학교 저학년 때까지는 일방적인 푸시와 강요가 통하기 때문이다. 초등학교 4~5학년만 되어도 생각처럼 아이가 행동하고 움직이지 않는다는 것을 알게 된다. 미리 대비하고 올바른 방법으로 대처하기를 바란다.

4) 열심히 하고 잘하는데 더 잘하게 만들고 싶다

열심히 하고 잘하는데, 최상위권으로 만들고 싶은 경우에는 어떤 상담이 많았을까?

주로 선행과 심화에 대한 이야기가 많았다. 물론 이해는 한다. 이 정도 수준이라면 사실상, 서울대나 최상위권 대학교도 도전해볼 만하다. 하지만 이마저도 엄마의 착각인 경우가 정말 많다. 당연히 정확히 이해하고 잘한다면 선행과 심화가 필요하지만, 많은 분들이 간과하는 것이 있다.

공백이 있는지, 이해 못한 부분이 있는지 확인하지 않는다는 것이다.

좋은 학원, 과외만 열심히 시키고 있고, 아이가 잘하고 있다고 착각하는 경우가 많다. 실제로 고1까지 선행했다는 중1~2 학생 수업에서 중1~2 학년 내용의 문제를 풀게 하거나 개념설명을 시켜보면 대부분 제대로 하지 못했다.

정말 놀랍게도 이유는 '까먹었다'는 것이다. 고1 내용을 배우면서 중2 때 나오는 연립방정식, 일차함수에 관한 설명을 못할 수가 있을까? 까먹었다는 말 자체가 암기했다는 것을 의미하고, 앞 단계를 제대로 모른 상태로 진도만 계속해서 나가고 있었던 것이다. 더 충격적인 것은 부모님은 대부분 이 사실을 전혀 모르고 있다는 것이다.

아이의 상태가 어떤지 부모님이 모른다면 그건 무조건 잘못시키고 있는 것이다. 아직도 늦지 않았으니 지금이라도 바로 배우고 실천해 보기를 바란다.

스스로 공부법 사례 -
(1) 아이를 변화시키는 진짜 '대화'

이제 수많은 실제 사례들 중에 참고가 될 만한 몇 가지를 알려주려고 한다. 15년간 수업을 하면서, 그리고 8년간 학원을 운영하면서 정말 많은 학생들, 학부모님들과 상담해 왔다. 그리고 학부모님들을 직접 교육하는 연구소를 운영하면서 많은 학부모님들의 고민도 들어왔다. 실제로 사교육을 받는 학생과 학부모님들의 상담도, 사교육을 받지 않는 학생, 학부모님들의 상담도 모두 해온 것이다. 그러면서 여러 가지 경우의 장단점, 차이점, 성공사례, 실패사례 등 모든 케이스를 다 알게 되었다.

혹시 우리 아이의 미래를 정확히 알고 있는가? 신이 아니라면 불가능하다. 하지만 우리 아이의 미래를 바라는 대로 만들어갈 수는 있다. 우리 아이를 세상에서 가장 행복한 아이로 만들 수는 있다.

첫 번째로 소개할 사례는 중학생인 아이는 열심히 하는데 부모님과 대화가 단절된 상황이다. 어느 날 학원에서 공부하고 있던 준서가 눈물을 흘리기 시작했다. 평소 씩씩한 아이였기에 다른 학생들이 있는 곳에서 눈물을 흘려서 나도 당황했다. 준서를 다른 곳으로 데려가 진정을 시키고 물어봤다.

"혹시 무슨 일 있니?"

"엄마가 제 감정이나 의견을 너무 억누르고 있어요. 이제 어린애도 아닌데 어린애 취급을 하고요. 알아서 잘할 수 있는데 과잉보호하는 게 너무 힘들어요."

"그랬구나… 많이 힘들었겠네. 엄마는 준서가 너무 걱정돼서 그러신 거 아닐까? 엄마한테 생각을 좀 표현해 봤어?"

"당연히 해 봤죠. 그런데 엄마는 항상 최선을 다하고 노력했다고만 얘기해요. 엄마는 그대로인데 제가 변한 거래요. 맨날 똑같은 대화만 오가요. 그래서 말해 봤자인 것 같아서 요즘은 제가 대화를 안 하려고 해요."

"혹시 어린애 취급을 한다는 것이 어떤 건지 좀 더 자세히 얘기해 줄 수 있어? 혹시 괜찮으면 지금 대화하는 거 녹음해서 엄마 들려드려도 될까? 선생님이 엄마한테 말씀드려보고 최대한 도와줄게."

"네. 괜찮아요. 그렇게 해주세요. 이제 중학생이 됐는데도 아직도 해가 지면 어디 못 다니게 하고요. 큰길 하나만 건너면 되는 학원인데 맨날 차 조심하고 횡단보도 잘 건너라고 말해요. 처음에는 걱정이라고 생각했는데 맨날 들으니까 정말 스트레스받아요. 가끔 친구들이 장난으로 마마보이라고 놀리기도 하고요."

"힘들었겠네. 혹시 언제쯤부터 그게 스트레스가 된 거니?"

"옛날부터 스트레스였어요. 초등학교 3학년 때부터요."

"그 전에 사고나 무슨 일이 있었던 거니?"

"다친 것까지는 아니고, 어려서 기억은 나지 않는데, 사고가 날 뻔한 적이 있었대요."

"어머니께서 그때 정말 많이 놀라셨나 보네. 그래서 아직까지 걱정이 되나 봐."

"아무리 그래도 큰길만 건너면 되는 학원에 다니는데 한 달 동안 매일 같이 왔다니까요. 혼자 간다고 해도 자꾸 같이 오겠다고 하셨어요."

"우선 알겠어. 어린애 취급하는 것 말고 다른 스트레스도 있었니?"

"네. 제 생각이나 감정 따위는 중요하게 생각하지 않는 것 같아요. 무시할 때도 많고요. 아, 그리고 어제는 어떤 일이 있었냐면요. 엄마가 계획표 짜라고 해서 나름대로 열심히 생각해서 짰어요. 엄마한테 확인을 받으라고 해서 그렇게 했어요. 싫었는데 엄마를 실망시키고 싶지 않았거든요."

"그래도 엄마한테 인정받고 싶어서 노력을 많이 했네."

"네. 나름대로 노력했어요. 그런데 엄마는 저한테 공부 시간이 왜 이렇게 적냐고 그러더라고요. 저는 나름대로 할 수 있는 최대한으로 생각해서 학교 갔다 와서 3시간 정도로 짰는데, 엄마는 6시간으로 늘리라고 하더라고요. 아니, 계획도 제가 짜는 거고 공부도 제가 하는 건데 왜 엄마가 몇 시간을 하라고 하는 건지 이해가 안 돼요."

"엄마한테 6시간까지 하기는 힘들다고도 표현해 본 거야?"

"당연하죠. 힘들어서 그만큼 못 한다고 해 봤어요. 그런데 엄마는 그걸 왜 못 하냐고 하시더라고요. 저는 집중도 안되고 힘들어서 그만큼은 못 한다고 했는데, 무조건 앉아 있으라고 하시네요."

"혹시 평소에는 대화 많이 하는 편이니? 예전에 듣기로는 엄마랑 대화를 많이 하지 않는다고 했던 것 같은데."

"평소에 대화도 많이 안 하는데, 공부 관련 이야기는 정말 거의 안 해요. 생각해보면 엄마가 잔소리만 계속하니까 제가 대화 자체를 피하는 것 같아요."

"그럼 오랜만에 대화하는 거였는데 대화가 이렇게 진행된 거니?"

"네. 엄마가 어떤 강의를 들었는데요. 계획표 짜는 것이 중요하다고 해서요. 그리고 계획표 짜는 방법을 배워 왔대요."

"음… 그런 상황은 좋은 게 아닌데. 이 부분은 선생님이 엄마랑 한번 얘기해볼게. 이야기 계속해 봐."

"저도 노력을 많이 한다고 했는데 엄마는 항상 마음에 안 드나 봐요. 자꾸 노력 안 한다고만 말씀하세요. 이런 것 때문에 너무 힘들어요. 저도 엄마랑 잘 지내고 싶은데 방법도 잘 모르겠고 어떻게 해야 할지 잘 모르겠어요."

"그럼, 만약에 엄마가 조금씩이라도 변하려고 하고 다가온다면 준서 너도 엄마한테 한 발 더 다가갈 수 있겠어?"

"네. 엄마가 조금이라도 변하고, 제 감정을 이해해준다면 저도 노력할

게요."

준서와의 상담이 끝난 후 녹음한 내용들을 준서 어머니에게 보냈다. 30분이 넘는 대화 내용이었다. 얼마 지나지 않아 연락이 왔다.

"안녕하세요. 보내드린 녹음 파일은 들어보셨죠?"

"네. 방금 들어보았습니다."

"지금도 잘하고 계시지만, 오해는 하지 않으셨으면 좋겠어요. 제가 준서와의 대화를 녹음해서 보내드린 이유는 준서가 어머님과 있었던 일들을 어떻게 생각하고 있는지, 어떤 것 때문에 힘들어하는지 알려드리고 싶었어요. 주제넘을 수 있지만, 지금 하고 계신 것은 준서를 위한 것이 아니에요. 정말 준서를 위한다면 준서의 이야기도 들어보고, 대화를 많이 나누어 보셔야 할 것 같아요."

"준서와 선생님이 말씀 나누는 내용 다 들었어요. 우선 제 생각을 말씀드릴게요. 입장 차이가 있고, 준서가 오해를 많이 하고 있네요. 저는 변한 게 딱히 없는데 준서가 성장하는 과정과 변화에서 감정적으로 느끼는 부분이 많아 보여요. 그중에 제일 억울한 게 공부 시간인 것 같은데 저는 무조건 많이 하라고 강요한 적 없어요. 우선순위와 방법을 모르는 것 같아서 지적한 적은 몇 번 있어요. 몇 번 게임을 하고 있길래 물어보고 확인만 한 건데 귀찮아하고 싫어하더라고요. 그래도 준서는 쉽게 개선이 안 되네요. 할 거 다 하고 게임하면 저도 뭐라고 안 하죠. 그리고 막상 공부 안 한다고 잔소리를 더 많이 하는 건 아빠예요."

준서 어머니도 많이 참다 이야기했던 것이다. 그래서인지 오히려 억울하다는 뉘앙스로 말을 했다.

"네. 잘잘못을 따지려는 건 아니고요. 오해도 있다고 생각해요. 중요한 건 준서 나이 때는 대부분이 비슷하게 생각하고 있어요. 그냥 준서가 이런 생각을 하고 있구나, 이런 걸 힘들어하고 있구나 하고 생각해주세요."

"네."

"다만, 어머님께서 이전과 똑같이 하시면 준서와의 관계 회복이 힘들다는 걸 말씀드리고 싶어요. 엄마만 변한다면 준서도 변한다고 했어요. 만약 어머님이 변했는데, 약속하고도 준서가 똑같으면 다시 준서랑 직접 이야기해 보겠다고도 말씀드렸고요."

하지만 준서 어머니는 억울하다는 듯이 말했다.

"저도 준서와 관계 회복을 위해 나름대로 공부하고 노력하고 있었어요. 유튜브, 블로그 같은 것들을 찾아보고 공부하고, 주변에 조언도 구해보았고요. 주변에서는 전부 다 저보고 정말 힘들겠다고 이야기해요."

물론 공부도 많이 하고, 실제로 관심도 많이 가지는 것 같았다. 하지만 문제는 방법이었다.

"저도 잘 알고 있어요. 그런데 정말 안타깝게도 아이들은 절대 부모님 생각대로 움직이지 않아요. 하루아침에 해결되는 것은 아니니 저도 계속 도와드리겠습니다. 우선은 사소한 대화부터 시작해보시면 될 것 같아요."

"이해는 했는데 답은 없는 것 같아요. 시간이 해결해주겠죠. 저도 사춘기는 경험했으니까요. 준서한테 원하는 부분을 솔직히 말해달라고 수시로 말씀해주세요. 저는 좀 당황스럽기도 하고 억울한 생각도 많이 드네요. 어릴 때는 정말 말도 많았는데 너무 잘 들어줘서 그런 것 같기도 하고요."

"어머님 감정 충분히 이해합니다. 그리고 다른 대부분의 어머님들도 비슷하게 충격을 받으세요. 준서가 느낄 정도로만 어머님께서도 조금 더 노력하고 변하는 모습을 보여주신다면 준서도 마음을 열 거예요. 제가 도와드릴게요. 준서도 받아들일 시간이 필요하고요."

결국 준서 어머니는 계속 같은 이야기를 되풀이하며 문제의 본질을 인정하지 않았다. 그 후에도 준서와 어머니 사이에 몇 번의 마찰이 더 있었고 결국 2주 후에 준서 어머니가 먼저 연락을 주었다. 그동안 많은 일이 있었다는 것이 목소리에서부터 느껴졌다.

"저도 변해볼게요. 지금 더 멀어지면 이제 준서랑 아예 대화를 못 할 것 같아서요."

별것 아닌 이 결정을 내리고 인정하는 데까지 꽤 많은 시간이 걸렸다. 몇 년간 인정하지 않던 사소한 것들을 2주간의 고민 끝에 내려놓기로 마음먹자 어떤 일이 벌어졌을까?

우선 준서 어머니가 노력했다. 조금 더 준서의 의견을 존중해주기로 한 것이다. 그동안 많은 대화를 해 왔기 때문에 얼마나 힘든 결정이었을지도 잘 알고 있었다. 일방적인 명령이 아니라 같이 의논하고 대화하기 시작했고, 걱정된다고 과잉보호하기보다는 믿어주면서 잠시 지켜봐 줄 수도 있게 되었다.

시간표 짜는 것도 일일이 어떻게 짜라고 시키기보다는 준서가 스스로 계획을 세우고 구체적으로 시간표를 짤 수 있도록 도움을 주었다. 또한 준서 어머니는 더 이상 다른 사람 탓을 하거나 핑계를 대지도 않았다. 준서가 바라는 대로 엄마가 조금씩 변화하기로 마음먹는 순간 정말 많은 일들이 벌어진 것이다. 방금 이야기한 것 중에서 준서 어머니가 어려운 일을 한 것이 있을까? 하나도 없다. 고집을 조금 꺾었고, 생각을 조금 바꿨을 뿐이다.

우리에게 필요한 것도 마찬가지이다. 아이의 생각을 파악하는 것이 가장 중요하고, 어떻게 하면 해결할 수 있을까에 대해 고민해야 한다. 해결을 위해서라면 약간의 자존심과 고집은 꺾을 수도 있어야 한다. 다른 사람도 아니고 세상에서 가장 사랑하는 우리 아이를 위해서니까. 아이와의 대화를 여는 방법! 정말 어렵지 않다. 우리 모두 할 수 있다.

지금 당장 대화가 잘된다고 가볍게 넘어가면 절대 안 된다. 언제 대화가 단절될지 모르는 일이니까. 신호가 보일 때 바로 대처할 수 있어야 서로 감정 소모하지 않고, 힘든 일 없이 그 시기를 보낼 수 있을 것이다.

스스로 공부법 사례 -
(2) '독'이 된 암기 위주의 학습법

초등학교 3학년 과정 공부도 제대로 되어 있지 않은 초등학교 5학년 학생의 사례를 소개하려고 한다. 코로나 때문에 비슷한 어려움을 겪는 아이들이 많을 것이다. 어떻게 해결할 수 있을까.

사례를 소개하기 전에 사교육에 의존한다면 어떤 일이 생길 수 있는지 꼼꼼히 따져보자. 사교육을 받는 학생만이 아니라 코로나 시기에 구멍이 있거나, 조금 뒤처진 부분이 있는 아이라면 누구에게나 해당하는 이야기다.

사실 요즘 학원 다니지 않는 아이들은 거의 없다. 일찍부터 다니는 아이들은 5~6살부터 다니기도 한다. 늦게 시작하더라도 영어학원은 초등 3~4학년부터, 대부분 초등학교 5학년 정도가 되면 수학학원도 다닌다.

그러면 어떤 학원이 인기 있을까? 잘하는 아이를 더 잘하게 만드는 곳, 지금 당장 점수를 잘 나오게 만드는 곳, 선행 진도를 많이 나가주는 곳, 주기적으로 아이들 상황을 부모님께 알려주고 확인해 주는 곳이다. 경험상 이 네 가지가 제일 쉽다. 수업하기도 쉽고, 소문내기 우리는 대부분 쉽고 빠른 길로만 가려고 한다. 대부분의 학원들도 쉽고 빠른 길을 선택하려고 한다. 사교육도 사업이고 장사이다. 많은 학원들이 아이들의 진짜 미래보다 결제하는 엄마들을 설득하기 위한 상담을 한다. 물론 사교육이 모두에게 효과가 없는 것은 아니다. 10명 중 한두 명 정도는 효과가 있다. 문제는 나머지 대다수의 인원이다. 나머지 8~9명은 머릿수만 채워준다. 우스갯소리로 학원 전기세 내주러 다닌다는 표현까지 있을 정도이다.

그렇다면 따라오지 못하는 8~9명의 학생은 어떻게 될까? 이 중 절반 정도는 이해가 되지 않아도 열심히 공부한다. 외워서라도 어떻게든 진도를 따라가려고 할 것이다. 그렇다면 나머지 절반 정도는 어떻게 하고 있을까? 그냥 출석 도장 찍으러 학원을 다니다가 도태되어 결국 학원을 그만두고 새로운 곳으로 옮기며, 이런 상황들이 반복된다.

그만두지 않고 계속 다니게 되면 어떤 상황이 벌어질까? 아이들은 이해가 되지 않기 때문에 문제 패턴을 암기하고, 개념 내용을 암기할 것이다. 성실한 학생들은 열심히 해서 점수도 잘 나오게 된다. 하지만 이게 가장 큰 문제점이다. 외워서 공부했는데 점수가 올랐다? 그때부터 학생들은 이게 맞는 방법인 줄 착각하고 계속해서 외워서 공부하게 된다. 외우지 않으면 불안해한다.

이렇게 학습한 내용은 일정 시간이 지나면 까먹는다. 그럼 다시 외우게 되고, 앞의 개념을 이해해야 습득할 수 있는 새로운 부분이 나와도 앞의 개념을 외운 상태라서 새로운 부분 역시 이해 없이 외우게 된다. 초등 과정에서는 생각 없이 외워도 해결이 된다. 오히려 점수가 굉장히 잘 나온다.

하지만 중학교 들어갈 때쯤 되면 문제가 심각해진다. 이때 엄마와 아이는 또다시 외우고 공부량으로 밀어붙이는 전략을 세운다. 이미 되돌아올 수 없는 늪 속에 빠져있는 것이다. 5년 이상을 외워서 공부하던 학생이 갑자기 앞의 내용부터 다시 이해하는 방법으로 공부한다는 것은 결코 쉽지 않다. 우선 자존심도 많이 상한다. 아이도 엄마도 이 상황 자체를 인정하지 않을 것이다.

만약 우리가 늪에 빠졌다고 생각해보자. 늪을 건넌다면 목적지에 도착한다. 하지만 3분의 1정도 와서 우리가 늪에 빠져있다는 것을 알았다. 이제 어떻게 할 것인가? 주변에서 지켜보는 사람은 답을 알고 있다. 얼른 되돌아와서 늪이 아닌 안전한 길을 찾은 다음 안전하게 건너면 된다. 하지만 이미 늪을 3분의 1 정도 간 상태에서 되돌아가기는 어렵다.

힘들게 온 3분의 1만큼의 노력이 아깝기 때문이다. '돌아가면 과연 안전한 길이 있을까?' 하는 불안감도 작용한다. 결정적으로, 나뿐만이 아니라 주위 사람들 모두 같이 늪 한가운데로 가고 있기 때문이다. 군중심리가 이렇게 무서운 것이다. 그렇기에 대부분은 있는 힘을 다해 늪 한가운데로 돌진한다. 그 순간 살 길은 무리에서 떨어지지 않고 따라가는 방법뿐이라고 생각하기 때문이다.

하지만 그렇게 하면 점점 더 깊은 늪으로 빠지게 된다. 앞사람의 뒤통수만 바라보면서 있는 힘껏 앞으로 가려고 하지만 더 이상 스스로의 힘으로 갈 수 없는 구간이 생기게 된다. 현실적으로 생각해야 한다.

'과연 내 주변에 있는 사람들이 이 늪에서 나를 구해줄 수 있을 것인가?', '먼저 가고 있는 사람들이 되돌아와서 나를 끌고 가 줄 것인가?' 늪에 빠진 사람은 이렇게 죽는 것이다. 자기도 늪에 빠져있는데 과연 남을 챙겨줄 여유가 있을까? 빠져나올 수 있는 충분한 기회가 있지만, 망설이는 사이에 점점 더 빠져들게 된다.

사실 제일 좋은 것은 아예 늪으로 들어가지 않는 것이다. 우리 아이가 아직 어리다면 처음부터 늪인지 안전한 길인지를 판단하는 능력을 길러야 한다. 그 길로 가기 위해서 어떤 것을 해야 하는지도 파악해야 한다. 미리 공부해서 아예 위험한 길로 가지 않는 것이 가장 좋고, 늪의 초입에 있다면 얼른 나와야 한다. 늪의 중간 정도까지 갔다면 주변을 침착하게 둘러보면서 그나마 안전한 길로 되돌아가야 한다. 가장 중요한 것은 다수의 판단에 휩쓸리지 말고, 소신을 가지고 한번 정했으면 절대 흔들리면 안 된다는 것이다.

현재의 상황을 직접 제대로 판단하고, 올바른 방법으로 우리 아이에게 필요한 것이 무엇인지 잘 생각해서 대처했으면 좋겠다.

코로나 시국에 대한민국 대부분의 가정에서 특히 많이 있던 일이다. 컴퓨터나 휴대폰으로 인강을 듣는다고 하지만 사실은 게임이나 딴짓만 한다. 이를 매번 확인할 수 없어 답답한 상황이 펼쳐진다. 아이는 "방금 시작했다.", "공부하고 있었다." 하는 뻔한 거짓말을 하기 시작한다. 안타깝게도 진짜 문제는 아직 생기지도 않았다.

중학교에 들어가면 대부분 친구들과의 문제, 선생님과의 문제, 사춘기 때 신체적 변화 등을 겪게 된다. 하지만 이미 대화가 단절된 상태이기 때문에 절대 이야기하지 않는다. 이때부터 엄마만 이유를 모르는 성적 하락이 시작된다.

일반적인 상황 전개는 이렇다.

1) 말을 잘 듣던 아이가 점점 말이 없어진다.
2) 공부한다고 앉아는 있는데 뭘 하는지 모른다.
3) 컴퓨터로 인강을 듣는다고 하고 게임이나 딴짓만 한다.(확인할 방법이 없음)
4) 자꾸 뻔한 거짓말을 한다.
5) 친구들과의 문제, 선생님들과의 문제, 사춘기의 고민거리가 생겨도 이야기를 하지 않는다.

이런 패턴을 수도 없이 많이 보았다. 이런 상황에서도 엄마들은 아이들 탓만 한다. 결론은 아이들이 기댈 곳이 없다는 것이다. 근본적인 원인부터 파고들어야 한다. 해결 방법의 기본 패턴은 대화를 통한 관계 개선이 첫 번째이다. 그 후 아이가 스스로 설명하는 공부를 해야 하고, 그래야 알아서 공부하는 최상위권이 가능해진다.

1) 부모 자녀 간의 대화를 늘리고 관계를 개선한다.

2) 아이가 직접 수업 내용을 설명할 수 있게 만든다.

3) 엄마는 아이가 스스로 공부할 수 있도록 도와준다.

4) 아이가 스스로 공부하고, 엄마는 멘토 역할을 한다.

5) 성적이 오르고 원하는 대학에 진학한다.

모두가 바라는, 아이가 스스로 공부하는 단계를 만드는 것은 크게 어렵지 않다. 단지, 방법을 아느냐 모르느냐, 의지가 있느냐 없느냐의 차이이다.

처음 컨설팅을 왔을 때 현우는 진도도 따라가지 못한 상태에서 학원만 다니고 있었다. 학원 전기세를 내주러 다녔던 것이다. 수학뿐 아니라 모든 과목 공부에 흥미를 잃은 상태였다. 현우는 왜 이런 상황이 되었을까? 사실 현우뿐만 아니라 많은 아이들이 비슷할 것이다.

코로나 때 학교도 가지 않으니 공부를 거의 포기하다시피 했다. 그리고 현우 부모님은 직장을 다니느라 현우를 잘 관리하 수 없었다. 현우 어머니는 어떻게 해야 할지 몰라 자포자기한 심정으로 나를 찾아왔다고 한다. 만약 현우를 일반 학원에 계속 보낸다면 내용은 이해도 하지 못하고 멍하니 앉아만 있다가 올 것이다. 아니면 이해가 되지 않으니 그냥 단순 암기를 하게 될 것이다. 사교육을 계속 받는다면 할 수 있는 선택이 둘 중 하나밖에 없는 상황이다.

앞에서 설명했던 것처럼 이미 늪을 3분의 1 정도 지나온 상황이다. 코로나라고 모두가 현우처럼 공부 습관도 잡혀 있지 않고, 중간중간 구멍이 많은 상황인 것은 아니다. 하지만 충분히 현우처럼 될 수 있는 환경이 만들어져 있다. 아마 비슷한 상황이었다면 어른들도 유혹을 뿌리치기 힘들었을 것이다. 도대체 아이들에게는 어떤 유혹이 있었을까?

"현우가 초등 3학년 때 코로나가 터졌어요. 학교생활에 제대로 적응도 하기 전에 학교를 갈 수 없게 되었어요. 학교에서는 전면 온라인 수업을 하게 되었죠. 2학년 때까지는 공부보다도 생활 습관을 잡아주는 수업 위주였고, 유치원과 초등학생 중간 정도의 학교생활을 했었어요."

"정말 답답함이 전해질 정도네요. 계속 이야기해 주세요."

"공부량이 조금씩 늘기 시작할 때 코로나가 터지고, 비대면으로 수업을 하게 된 거예요. 교실에서 수업을 해도 집중하기 힘든 나이에 집으로, 온라인으로 내몰리게 되었어요."

"학교에 있어야 할 아이가 집에만 종일 있었으니 서로 더욱 힘들었겠네요."

"일을 하지 않는 엄마들도 굉장히 힘들다고 해요. 원래 아이들이 학교에 가면 집에서 조금씩 쉬기도 하고, 밀린 집안일을 하는데 아이들이 집에만 있으니 화낼 일이 많이 생긴다고 들었어요. 그런데 저는 워킹맘이라 더 힘든 상황인 것 같아요. 그동안 제가 일하러 나가 있는 시간에 현우가 집에서 비대면 수업을 받고 있었어요. 관리도 되지 않고 지난 2년 넘게 너무 힘들었어요."

엄마가 바쁜 시간에 아이가 집에 있다면 어떤 일이 벌어질까? 아이들이 원격 수업을 제대로 들을 수 있을까? 당시 학원에 다니던 아이들과 솔직하게 이야기해 보았다. 아이들의 입에서 나온 말들은 충격적이었다.

"줌으로 화면만 켜놓고 컴퓨터 옆에 스마트폰 세워놓고 유튜브 봤어요. 화면에만 나오지 않으면 선생님도 모르시더라고요. 수업을 집중해서 듣는지 확인도 안 하시던데요?"

"저희 학교는 선생님이 수업도 안 하고 EBS 강의랑 녹화된 강의만 틀어주고 숙제만 내줬어요. 그거만 빨리하고, 시간 될 때 출석 체크만 하면 나머지는 자유시간이에요. 컴퓨터도 켜져 있고, 게임을 계속했어요. 친구들도 다 같이 하니까 더 재미있더라고요."

"엄마 몰래 밤새 스마트폰 했어요. 학교 수업시간에는 어차피 온라인이라 잤어요. 그리고 수업시간이 끝나고 공부 열심히 한 척하면 엄마도, 선생님도 아무도 몰라요."

"온라인 수업시간에 내내 멍하니 있거나 놀다가 다 끝나면 숙제를 해요. 어차피 검사도 제대로 안 해서 그냥 문제 사진 찍으면 답지가 나오는 앱을 써서 답만 베껴서 냈어요. 아마 다른 친구들도 전부 다 이렇게 할걸요?"

이런 상황을 부모님들은 제대로 알고 있을까? 아이들에게 다시 물어보았다.

"알고 있을 수도 있지만, 뭐라고 하지는 못해요. 안 보이는 데서 게임하니까요."

"저희 부모님은 모르는 것 같아요. 그 시간에 일하시거든요."

"알고 계신데 숙제 다하고 노는 거라 괜찮아요."

"들키지 않으려고 밤늦게 부모님 주무시면 스마트폰 해요. 그리고 온라인 수업시간에 잠자요."

아이들은 당당하게 이야기했다. 따지고 보면 부모님만 모르고 있는 것이다. 사실 부모님께만 말하지 않는 아이들이 굉장히 많고, 보통 신뢰 관계가 무너져 있는 경우가 많다.

우리 아이들이 3년 동안 이렇게 지냈던 것이다. 이게 현실이다. 결론은 모두가 학교 수업을 제대로 듣지 않았다는 것이다. 사실 잘 생각해보면 코로나가 오기 전에도 아이들이 학교 수업은 잘 듣지 않았다. 이미 학원에서 다 배운 내용이었기 때문이다. 어느 정도냐면 학교 선생님도 "이건 학원에서 다들 배웠지?" 하고 자세한 설명 없이 넘어가는 경우가 꽤 있었다. 이런 상황에서 코로나가 왔으니 아이들에게는 수업을 들을 이유가 전혀 없었을 것이다.

현우 어머니가 이어서 이야기했다.

"현우가 코로나 시작 때부터 지금까지도 공부를 열심히 하고 있지 않지만, 앞으로가 더 걱정이에요."

"요즘 비슷한 상담이 정말 많아요. 현우뿐 아니라 우리나라 전반적인 문제인 것 같아요. 현우가 코로나 때 어떻게 지냈는지 알 수 있을까요?"

"방금 말씀드렸다시피 현우는 코로나 이후 게임에만 빠져 살았어요. 요즘 아이들 사이에서 유행하는 게임이 몇 가지가 있어요. 한번 빠지면 시간 가는 줄 모르고 하루 종일 하더라고요. 게임 한다고 뭐라고 하면 컴퓨터 끄고 스마트폰으로 해요. 공부는 초등학교 3학년 때부터 거의 포기하다시피 한 것 같아요. 어릴 때부터 게임과 스마트폰에 빠져서 살았는데 앞으로 어떻게 해야 할까요? 공부를 열심히 했으면 좋겠어요."

"어머니, 현우가 공부를 열심히 했으면 좋겠다고 말씀하셨지만, 이런 경우에는 공부가 문제가 아니에요. 현재 관심사가 뭐고, 어떤 성향인지 파악하는 것이 훨씬 더 중요해요. 왜 이렇게 게임을 하고 있고, 어떤 점이 좋아서 게임을 하는지, 스마트폰을 하는지, 왜 공부를 안 하는지 파악해야 합니다. 혹시 현우의 관심사, 성향, 왜 게임을 계속하는지에 대해 알고 계신가요?"

"글쎄요. 관심사는 게임인 것 같고, 게임은 재미있으니까 계속하지 않을까요?"

"그런 추상적인 것 말고, 조금 더 구체적으로 파악하셔야 해요. 그러려면 우선 해야 할 것들이 있어요."

"어떤 것들을 해야 할까요?"

"아이의 눈높이에서 대화를 해야 합니다. 좋아하고 잘하는 건 뭔지, 앞으로 하고 싶은 건 어떤 건지 대화를 해 봐야 해요. 한마디로, 아이의 마음을 먼저 열어야만 한다는 거죠. 엄마와 대화를 하고 싶은 마음이 들어야 진심으로 대화를 할 거고, 공부하고 싶은 생각이 들어야 공부를 하겠죠. 게임이나 스마트폰보다 현우의 관심을 끌 수 있던 것이 있었다면 현우도 게임에 빠지지는 않았을 거예요."

"말이 쉽지, 그게 쉽지가 않아요. 쉽게 되었으면 진작 해결했을 거예요."

"물론 쉽지 않죠. 하지만 알아야만 해요. 아이들에게 게임보다, 스마트폰보다 더 중요한 건 부모님, 가족이거든요. 그리고 친구들이죠. 실제로 상담해 보면서 알게 된 점이 있어요."

"어떤 건가요?"

"게임이나 스마트폰에 빠진 대부분의 아이들은 부모님, 가족, 친구들 사이에서의 애정이 결핍되어 있는 경우가 많았어요. 여기서 말하는 건 부모님이 생각하는 애정이 아니에요. 아이 스스로가 사랑받고, 관심받고 있다고 느끼는 것이죠. '관종'이라는 말이 괜히 생긴 게 아니에요. 실제로 아이들은 관심받고 사랑받는 것을 본능적으로 원하죠. 집에서 해결되지 않았기 때문에 그 에너지를 게임과 스마트폰에 쏟는 거예요."

"아! 그럼 관심이나 인정이 부족해서 더 그런 걸까요?"

"현실에서 부족한 것들이 온라인 세계에서는 채워지기 때문이에요. 게임 안에서 잘하면 인정받고 칭찬받거든요. 그리고 현실에서 친구들의 부러움을 사기도 합니다. 스마트폰에서는 현실에서 느끼지 못하는 재미를 느낄 수 있죠. 내 표정을 들키지 않고 다른 친구들과 메시지를 주고받을 수도 있고, 좋아하는 친구들과 밤새 수다도 떨 수 있어요."

"아이들이 이런 이유로 스마트폰에 빠져 있는 거군요!"

"집에서는 해결되지 않았던 많은 것들이 이뤄지고, 부모님께 받지 못한 애정과 인정을 게임과 스마트폰에서는 받을 수 있죠. 그리고 친구들 모두가 하고 있고, 이것들을 해야 친구들과 친해질 수 있기 때문이에요."

"그러고 보니 게임을 항상 친구들과 하는 것 같았어요."

"초등학교 4~5학년 때부터 점점 친구들이 중요해지죠. 현우도 마찬가지였을 거예요. 사춘기가 진행 중이던 현우는 부모님께 사랑받지 못한다고 느꼈을 거예요. 그 관심을 친구들에게 돌리는 시기였던 거죠. 사춘기를 판단하는 여러 가지 기준 중 하나는, 아이의 관심이 엄마, 부모님에서 친구들로 넘어가는 것입니다. 이 시기에는 친구들보다 엄마가 더 좋을 수는 없어요. 이런 상황을 알고 인정하고 나서 중심을 잡고, 밸런스를 맞추는 것이 중요합니다. 이 과정이 아이의 마음을 열게 합니다."

"마음을 열게 해야 된다는 것까지는 이해했어요. 그 뒤에 공부는 어떻게 시켜야 할까요?"

"어머님 마음이 급한 건 충분히 이해해요. 먼저 아이와 충분한 대화를 통해 엄마와 관계를 회복하는 것부터 시작해봐야겠죠. 그런 후 아이에게 부족한 부분부터 보충해보자고 설득을 하고 납득시켜야 합니다. 보통 5학년인데 3학년 과정을 공부하라고 하면 충격을 받거나, 인정하지 않으려 합니다."

"저 같아도 인정하고 싶지 않을 것 같아요. 자존심이 많이 상하겠네요."

"그렇죠. 상처가 될 수 있죠. 그리고 본인도 불안해합니다. '친구들은 다 선행을 나가고 있다는데 나도 선행을 나가야 하는 게 아닌가?', '어려운 문제를 풀어봐야 되는 거 아닌가?', '지금 당장 성적이 잘 나와서 친구들한테도 인정받고 싶은데', '이제 열심히 해도 안 될 것 같은데… 공부 말고 다른 걸 해 볼까?' 별의별 생각들이 다 들 거예요."

"실제로 그런 생각을 하고 있는 것 같아요. 어떻게 하면 좋을까요?"

"아직 늦지 않았고, 친구들보다 앞서 나갈 수 있는 방법이 있다고 이야기해주세요. 그러니 엄마와 같이 이 방법으로 해 보자고 설득하는 것부터 시작하세요. 하지 않았을 때의 안 좋은 점보다는 열심히 했을 때의 행복한 결과들에 대한 상상을 할 수 있게 해주는 거죠. 한 가지 참고하셔야 할 것은 아이들은 어른들처럼 먼 미래에 대한 기대나 생각이 별로 없어요. 우선 짧은 시간 후에 어떤 점이 좋아지는지를 이야기해줘야 합니다."

"아이에게 동기부여가 될 만한 것은 어떤 건가요?"

"경험상 가장 좋은 방법은 '친구들 사이에서 인싸가 될 수 있다.', '친구들이 부러워하게 될 것이다.', '친구들이 너를 공부 잘하고 똑똑한 아이로 기억할 거다.' 이런 식으로 인정 욕구를 자극하는 방법이 아이들 설득에 가장 좋아요."

우선 이 날은 동기부여를 하고, 설득하는 것까지를 목표로 했다. 그리고 한 단계, 한 단계 천천히 밟아 나갔다.

상담 후 실제로 현우는 어떤 과정을 거쳤을까? 우선 집에서 초등학교 3학년 과정에서 부족한 부분부터 온라인 강의를 보게 해 주었다. 그런 후 개념에 대해 정확히 설명할 수 있는지 질문을 통해 설명시켜 보았다. 부족한 부분이 있다면 구체적인 질문을 통해 스스로 어느 부분이 부족한지 파악할 수 있게 해주었다. 메타인지를 할 수 있도록 도와주는 것이다. 그리고 모든 내용을 현우가 직접 설명할 수 있는지 확인하는 과정을 엄마가 도와주었다. 시간이 조금 오래 걸리더라도 조급해하지 않고 아이가 할 수 있는 만큼만 시켰고, 계속해서 조금 더 했을 때의 좋은 점들을 상상하도록 만들어주었다.

그렇다면 설명하는 방법이 얼마나 효과가 좋을까? 설명을 하고 칭찬을 듣는 순간 현우뿐 아니라 대부분의 아이들은 자신감이 생기게 된다. '안 되는 줄 알았는데 이제는 되네?', '처음에는 어려웠는데 이제는 쉽네?', '공부 잘하는 거 별거 아니었네?' 이런 생각이 들 것이다. 자신감이 생기면 무슨 일이 벌어질까? 더 잘해서 또 칭찬을 듣고 싶을 것이다. 이런 인정을 받기 쉽지 않기 때문에 성취감은 몇 배가 될 것이고, 앞으로도 계속 인정받기 위해 노력하게 된다. 게임을 잘해서 인정받고 인기가 많아지는 것보다 공부로 인정받고 친구들에게 인기 많아지는 게 더 즐겁다는 것을 알게 되는 순간, 그 시너지 효과가 가장 좋아지게 된다.

하지만 우리 생각처럼 모든 일이 쉽게 되지는 않을 것이다. 아이들의 처음 반응은 비슷하다. 재미없고 시간이 오래 걸리는 개념 설명 부분을 빨리 넘어가고 싶어 한다. 문제만 풀고 싶어 한다. 그리고 아이들이 극도로 싫어하는 것은 틀린 문제를 다시 푸는 것이다. 현우도 마찬가지였다. 마음만 급해진 현우는 빨리 공부를 끝내고 게임을 하고 싶어 했다. 문제를 빨리 풀고, 숙제를 빨리하기만을 바랐다. 엄마가 물어보면 알고 있는 내용인데 왜 자꾸 물어보냐고 투덜댔다. 설명 못 하는 부분을 다시 설명해보라고 하거나, 틀린 문제를 풀어보라고 할 때도 스트레스를 받았다. 이유가 있다. 평소 습관 때문이다.

평소에 공부를 했는지 안 했는지, 얼마나 열심히 했는지 확인하고 판단하는 기준은 뭘까? 문제집을 몇 장 풀었는지, 몇 시간 공부했는지, 몇 문제를 맞혔는지와 같은 것들이다. 보이는 것만으로 판단한다. 이것이 아이들을 다 망치고 있다. 공부한 양이 중요한 것이 아니라 공부한 내용을 설명할 수 있는지에 초점을 맞춰서 공부하는 습관을 만들어주어야 한다.

그래서 현우 어머니께 숙제부터 줄이라고 말씀드렸다. 그리고 현우가 제대로 설명할 수 있는지 파악하고, 어느 부분을 공부해야 하는지 도와주라고 했다. 다행히도 말씀드린 대로 잘 따라 주었다. 현우 어머니는 현우에게 문제만 많이 푼다고 아는 것이 아니라는 것도 인지시켰다. 직접 설명할 수 있어야 진짜 아는 것이라고 알려주었다. 그리고 처음에만 어렵지 하다 보면 오히려 훨씬 더 편한 학습법이라는 것을 설득했다. 또한 실질적으로 어떤 상황에서 어떻게 질문해야 하고, 설명을 잘할 때는 어떻게 해야 하고, 잘하지 못할 때는 어떻게 해야 하는지에 대해서도 설명해드렸다. 사실 내가 알려드린 것보다도 현우 어머니께서 열심히 했다. 실천해 보고 잘 안되는 부분은 도움을 요청하고, 피드백을 하는 과정에서 점점 더 확신을 가지게 되었다. 이렇게 확신을 가지고 하는 것이 효과도 좋다.

그래서 어떻게 되었을까? 6개월 정도 지난 후 현재 학년의 학습 과정을 다 따라잡았다. 이제는 복습과 선행까지 충분히 나갈 수 있는 실력이 되었다. 물론 게임도 시간을 정해서 그 시간만 하게 되었다. 이 모든 것들이 남 일이 아니다. 해 보지도 않고 포기하기에는 너무 이르다. 우리 아이도 이렇게 될 수 있다. 책을 읽으면서 계속해서 배우고 실천해 나가다 보면 꼭 이룰 수 있을 것이다.

스스로 공부법 사례 -
(3) 문제 풀이 공부가 만든 수포자

이번에는 초등학교 때는 잘했지만 한계에 부딪힌 중1 학생의 사례를 소개하려 한다.

"주원이는 초등학생 때 공부를 정말 잘했어요. 그런데 중학교 들어오면서 갑자기 한계에 부딪히고 수학을 어려워하기 시작했어요. 제가 어떻게 해야 할지 모르겠어요."

"혹시 중간에 특별한 사건이 있었을까요?"

"아니요. 특별한 것은 없었어요. 주원이는 초등학교 때부터 일반 학원에 다니면서 숙제도 열심히 하고, 시키는 것들도 성실하게 했거든요. 학원에 빠진 적도 거의 없고, 그렇다고 특별하게 엇나가는 것도 없어서 주변 사람들에게는 공부 잘하는 아이로 소문나 있었을 정도예요. 그런데 중학교에 올라오더니 갑자기 공부에 흥미를 잃어버리고 성적도 떨어졌어요. 특히 수학을 많이 어려워하고 성적이 많이 떨어졌어요. 중1이 되면서 갑자기 왜 그런지 모르겠어요."

"수학을 어려워하게 되었다고 말씀하셨는데, 원인을 정확하게 분석해 보셔야 합니다. 주원이뿐 아니라 대부분의 아이들에게 해당하는 상황이에요."

"그런가요? 주원이만 그런 줄 알았어요."

"정말 명확한 이유가 있지만, 대부분은 대수롭지 않게 생각하고 넘어가거나, 잘못된 방법으로 더 열심히 하도록 부모님이 강요해요. 주원이 같은 문제가 생기는 학생들은 특징이 있어요. 어떤 것인지 아시나요?"

"글쎄요. 잘 모르겠네요."

"대부분 문제 풀이 위주의 공부만 했을 거예요."

"맞는 것 같아요!"

"그렇게 된 이유는 여러 가지가 있어요. 학교에서도, 학원에서도, 집에서도 모두가 공부를 얼마나 했는지 판단하는 기준 자체가 문제집을 얼마나 풀었냐, 몇 시간을 공부했냐, 몇 문제를 맞혔냐, 몇 점을 맞았냐에 초점을 맞추기 때문이에요."

"전부 해당하는 것 같네요. 숙제를 확인할 때도 몇 장을 풀었는지, 몇 시간 공부했는지 이런 것만 체크했어요."

"주원이도 그렇게 몇 년을 보냈던 거죠. 거기다 더 큰 문제가 있습니다. 초등학교 때까지는 개념에 대한 이해가 제대로 되어 있지 않고 문제만 많이 풀어도 점수가 잘 나오죠. 이때 아이와 엄마 모두 지금 하는 공부 방식이 맞다고 생각할 거예요. 하지만 단순 암기와 문제 풀이만으로 통하는 시기는 초등학교 때까지입니다."

"아… 그래서 힘들었던 것이군요."

"정말 열심히 하는 경우에는 중학교 때까지도 점수가 잘 나옵니다. 차라리 처음부터 점수가 잘 나오지 않았다면 다른 방법을 찾아보려고 노력했겠지만, 성적이 잘 나오기 때문에 별 걱정 없이 넘어갔을 거예요. 주원이도 마찬가지겠죠."

"맞아요. 점수가 잘 나오고, 학원에서도 잘한다고 하니까 걱정이 없었어요. 주원이가 외워서 풀고 있는 줄은 꿈에도 몰랐네요."

"잘못된 방법으로 공부하고 있었지만, 당장 성적이 잘 나와서 제대로 된 방법으로 공부하고 있다고 착각하고 있었던 거죠. 남들처럼 개념은 외웠고, 문제 풀이 위주의 공부만 반복해서 했을 거예요."

"어떻게 보면 제가 강요했던 것일 수도 있겠네요. 정해진 숙제를 해야 쉬거나 놀 수 있게 해주었거든요."

"제일 안 좋은 것을 하셨네요. 그런데 대부분의 어머님들이 똑같이 하고 계세요. 어머님이 특별히 잘못한 것은 아니에요. 이제부터 제대로 해주시면 되죠."

"네. 그나마 다행이네요."

"그렇다면 주원이가 한 것처럼 문제만 많이 풀게 되면 어떤 일이 벌어질까요?"

"글쎄요. 주입식 공부가 되어 버리지 않을까요?"

"대부분의 경우에는 생각을 하고 문제를 분석해서 푸는 게 아니라 패턴을 외워서 풉니다. 같은 유형의 문제는 그냥 똑같이 푸는 거죠. 그런데 큰 문제가 있어요. 똑같은 문제인데 질문이 달라진다면? 새로운 문제, 다른 문제로 인식하게 되죠. 실제로 학년이 올라갈수록 이런 현상은 점점 더 심해집니다. 말 한 마디 달라지면 다른 유형으로 생각해서 새로 외우게 되죠. 그리고 문제를 많이 풀어야 한다는 강박관념이 있는데, 개념 내용은 제대로 볼까요? 자연스레 개념도 외워버리게 됩니다. 그렇게 되면 공부해야 하는 양이 점점 많아지겠죠?"

"그렇죠. 외우고 까먹고 하다 보면 시간도 오래 걸릴 것 같고요."

"모든 사람에게는 공평하게 하루 24시간이 주어지죠. 공부할 양이 많아져서 시간이 오래 걸린다는 것은 그만큼 비효율적이라는 뜻입니다. 결국 계속해서 늘어나는 공부량 때문에 문제만 많이 푼 학생들의 90% 이상은 고등학교 때 수포자가 됩니다. 꼭 수포자는 아니더라도 공부를 열심히는 하는데 성적이 잘 나오지 않겠죠. 그냥 많아진다고 하니 감이 안 오시는 것 같아서 공부량을 구체적으로 따져볼게요. 제 개인적인 생각으로는 초등학교에서 중학교로 올라갈 때 공부량은 10~20배, 중학교에서 고등학교로 올라갈 때 공부량이 10~20배가 됩니다. 한마디로 초등학교에 비해 고등학교에서 공부할 양이 최소 100~400배는 된다는 뜻입니다. 주원이가 초등학교 때 하루에 몇 시간씩 공부했나요?"

"그래도 하루 2~3시간씩은 공부했죠."

"이 방법으로 고등학교 때 분량을 단순 암기로 공부하려면, 하루에 최소 200시간에서 최대 1,200시간 정도 걸리겠네요. 그런데 하루가 몇 시간이죠?"

"24시간이죠. 턱없이 모자라네요."

"결국에는 고등학교 때는 공식 외우고 까먹고, 다시 외우고 까먹고를 반복하다가 끝납니다. 학교 다닐 때 다들 항상 1단원 내용만 새까맣게 공부했던 것 기억하시죠?"

"네. 기억나네요. 1단원 잠깐 보다가 까먹어서 또 1단원 처음부터 보다가 진도를 못 나갔던 기억이 새록새록 나네요."

"지금처럼 하면 결국 1단원만 보다가 끝나는 거예요."

"그럼 주원이는 어떻게 해야 할까요?"

"남들은 늦었다고 생각할 수 있지만, 아직 늦지 않았습니다. 어머니께서 주원이에게 아직 늦지 않았고, 부족한 부분을 메우면 점점 앞서 나갈 수 있다고 설득해주시는 것이 우선입니다."

다행히도 주원이 어머니는 잘해주셨다. 불안해하던 주원이도 엄마의 말에 힘을 내고 초등 과정 중에서 약한 부분을 복습하기 시작했다. 부족한 개념에 대해서 내용을 다시 듣고 설명을 했고, 잘 풀지 못했던 유형의 문제들도 직접 설명하며 확인했다.

주원이 엄마는 어떤 걸 했을까? 계속해서 주원이에게 유도 질문을 던져주었다. 주원이가 개념 설명을 잘할 수 있도록 질문해줬고, 부족한 부분이 있다면 어떤 것 때문에 힘들어하는지 파악한 후 구체적으로 어느 부분을 공부해야 할지 알려주었다. 이렇게 해서 부족한 부분을 빠른 시간

안에 복습할 수 있었고, 개념 내용에 대해 점점 이해하기 시작했다.

"앞에서부터 부족한 부분을 메우니 중학교 수학 내용도 조금씩 이해하기 시작했어요. 그리고 계속해서 설명하는 연습을 하다 보니 자연스레 설명하는 습관이 생기게 되었어요. 제가 직접 내용 설명을 해주는 게 아니라 질문을 하고, 방향을 잡아주고, 부족한 부분이 어디에 나와 있는지 알려주기 때문에 서로 다툴 일도 적었죠. 지금은 정말 재미있게 수학 공부를 하고 있어요. 성적은 당연히 오르게 되었고, 그동안 이해도 하지 않고 외우기만 하던 주원이가 스스로 재미있게 공부할 수 있게 되었습니다. 정말 감사합니다."

"어머님께서 잘 따라 주고 열심히 하신 덕분이에요. 지난 부분을 다시 공부하고 넘어간다는 것 자체만으로 시간이 걸리고 힘든 과정일 수 있어요. 하지만 무조건 거쳐 가야 하는 과정이라는 것을 인정하고 따라 주셔서 가능했던 거예요."

만약 잘못된 길로 왔다면 되돌아가서 제대로 된 길을 다시 걸어올 수 있는 용기와 의지가 있어야 한다. 주원이가 제대로 된 방법으로 공부하게 되어서 얻은 것은 성적뿐만이 아니다. 공부하는 방법에 대해서 알게 되었고, 스스로 공부하는 재미에 대해서도 알게 되었다. 아는 것과 모르는 것을 구분할 수 있는 메타인지 능력도 길러졌을 것이다. 무언가를 노력해서 이루었다는 성취감도 있었을 것이다. 물론 엄마와의 관계도 훨씬 더 좋아졌을 것이다. 이런 모든 것들을 한 번에 이룬 것이다. 사실 그리 어려운 일이 아니다. 방법만 제대로 알고, 의지만 있다면 우리 아이도 이렇게 바뀔 수 있다.

스스로 공부법 사례 -
(4) 수포자였던 아이, 3개월 만에 수학 60점 올리는 비법

4월에 민준이 어머니가 나를 찾아왔다. 민준이는 다른 과목은 어느 정도 했지만, 수학은 기초가 심각하게 부족한 학생이었다. 민준이 어머니는 상담하면서 이런 말까지 했다.

"민준이의 수학 점수를 올려주기 위해서 잘나가는 선생님에게 수학 과외를 한 달에 수백만 원씩 주며 시키기까지 했어요. 그런데도 안 되더라고요. 다른 과목은 다 괜찮은데 수학만 유독 점수가 안 나와서 너무 답답하네요. 수학 점수만 올릴 수 있다면 뭐든지 할 수 있을 것 같아요."

나도 궁금해서 물어보았다.

"수백만 원짜리 과외는 왜 그만두신 거예요?"

"과외선생님이 워낙 유명하신 분이기도 했고, 자기 말만 잘 듣고 따라오면 90점을 맞을 수 있다고 해서 기대했어요. 그런데 기대에 미치지 못하고 이후 몇 개월간 성적이 바닥인 상태로 정체가 되었어요. 그럼에도 유명한 분이다 보니 끝까지 신뢰했지만, 오히려 성적이 떨어지기까지 했어요. 선생님 말씀으로는 자기는 열심히 했지만, 아이가 너무 이해를 못하고, 성실하지 못했다면서 사람에 따라서 성과가 다르다는 대답만 반복해서 하시네요. 이런 상황이었다면 미리 이야기를 해주셨어야 했는데 제가 먼저 이야기하기 전까지는 아무 말이 없더라고요."

중학교 2학년 4월이면 어떤 상황이었을까? 바로, 중학교 2학년 때부터 보는 중간고사를 준비해야 한다. 하지만 그때의 민준이 수준으로는 중학교 2학년 시험 과정을 준비하기가 현실적으로 어려웠다. 그냥 벼락치기로 외우는 것 말고는 답이 없는 상황이었다.

"지금 굉장히 중요한 시기인 것은 알고 계시죠? 거기다 중간고사 직전이라서 이번 시험은 현실적으로 손쓸 수 없는 상황이에요. 하지만 당장 시험이 중요한 것이 아닙니다. 지금이라도 기초부터 해야 합니다."

사실 여기까지 이야기하면 당장 성적을 올려줄 빠른 방법을 찾는 사람들이 대부분이다. 특히나 수백만 원짜리 과외를 하던 상황이면 그런 수업에 더 익숙해져 있을 것이다. 다행히도 민준이 어머니는 상담 내용을 받아들이셨다. 어머니는 민준이에게도 이야기했다. 당장 시험이 중요한 것이 아니니 기초부터 하자고 민준이를 설득한 것이다. 기초가 되는 부분, 부족한 부분부터 공부하자고 했다. 하지만 지금 상황에서 이렇게 하는 것 자체가 굉장히 힘든 일이다. 나중에 들어보니 어머님은 많은 생각을 했다고 한다.

"방법은 맞는 것 같은데 '내가 할 수 있을까? 민준이는 할 수 있을까?' 하는 생각부터 '민준이가 수학적인 머리가 안 되는 건가? 포기해야 하나?' 이런 별의별 생각을 다 했어요."

"마음고생이 많으셨네요."

"하지만 어쩔 수 없죠. 방법이 이것뿐이라는 것을 저도 아는걸요. 결국 포기할 수 없어서 지푸라기라도 잡는 심정으로, 진짜 마지막이라는 생각으로 자존심 다 굽히고 인정할 것은 하고, 민준이만 생각하며 열심히 했어요. 그러고는 그동안 수학 공부를 잘못 시켰다는 것을 깨달았어요."

당시에는 정말 마지막이라는 생각으로 나를 찾아와서 노하우를 배워서 시켜 본 것이었다. 그중 하나가 아이가 직접 설명할 수 있도록 하는 것이다. 물론 직접 설명할 수 있도록 한다고 다 해결되는 것은 아니다.

민준이 어머니가 물어보았다.

"만약 개념 설명을 잘 못한다면 어떻게 해야 할까요?"

"적절한 유도 질문을 통해 어느 부분이 구멍인지 파악해서 구체적으로 그 부분의 복습을 시켜보고 다시 설명해 볼 수 있도록 해야 합니다. 여기서 중요한 것은 모든 대답은 민준이 입에서 나와야 한다는 거예요."

"개념 설명을 어느 정도 한다면요?"

"진짜 이해하고 설명하는 건지 외워서 설명하는 건지 구체적으로 질문해가면서 파악해야 해요. 그동안 민준이가 수학을 어려워했던 이유 중 하나도 외웠기 때문일 거예요. 설명은 제대로 하지만, 이해하는 것이 아니라 외워서 설명하고 있을 가능성이 높거든요."

"문제를 풀 때 반복해서 틀리는 부분은 어떻게 해결하면 될까요?"

"문제 자체를 분석하기 어려워하는 건지, 현재 배운 부분의 개념 이해가 부족해서 그런 건지, 지난 부분의 개념이 이해되지 않아서 그런 건지 정확히 판단해서 맞는 방법으로 설명을 시키고 복습을 하게 해야 합니다."

"하나만 더 여쭤볼게요. 질문만으로 잘 모르겠다면 어떻게 해야 할까요?"

"그런 경우에는 아이의 풀이를 분석해 보면 됩니다. 여기서 말하는 분석은 내용을 정확하게 알려주는 것이 아니에요. 방법을 제대로 알고 있는지, 몰라서 틀린 건지, 실수인지 등을 파악해 보라는 거예요. 성취도가 낮은 학생들은 대부분 현재 배우는 부분을 못하는 게 아니에요. 앞에서 배운 내용을 이해하지 못했기 때문에 현재 배우는 내용도 이해하지 못하는 것입니다. 그래서 잘 못하는 부분을 파악해 본 후 앞에서 이미 배웠던 내용에 대해 설명시켜 보고 잘 못한다면 풀이, 개념 내용 등을 설명시켜 보고 어느 부분이 약한지 파악해야 합니다. 그런 다음 복습을 하게 한 후 다시 설명시켜보는 체계적인 방법을 이용하는 것이 중요합니다."

원인 분석부터 실제로 어떻게 해야 하는지까지 꼼꼼하게 물어보고 정리하고 나서 민준이 어머니는 정말 열심히 실천했다.

놀랍게도 얼마 되지 않아 민준이는 점수가 20점 정도 올랐다. 다음 달에는 20점, 기말고사를 보는 3개월 차가 되었을 때는 무려 60점이 올랐다. 문제가 쉬워서 오른 것은 아닐까 의심스러워하는 분들도 있을 것이다. 하지만 민준이 어머니가 직접 확인해봐도 수학 실력이 눈에 띄게 향상된 것이 보일 정도였다. 당연히 부족한 부분이 메워지고, 설명하는 연습을 자연스럽게 할 수 있게 되면서 자신감이 생겼다. 그러다 보니 부모님께 더 자랑하고 싶어지게 된 것이다.

그동안 민준이 어머니는 과외비, 학원비로 한 달에 몇백만 원씩 수천만 원을 교육비로 썼다. 그럼에도 해결되지 않았던 것들이 올바른 방법대로 하니 해결된 것이다. 깜짝 놀랄 만큼 점수도 오르고 실력도 올랐다고 좋아하셨다. 물 들어올 때 노 젓듯이 민준이 어머니는 계속해서 물어보고 대답하는 과정을 반복해서 복습시켰다. 그 결과 3개월 만에 현재 진도까지 금방 따라올 수 있었다.

수포자에 가까웠던 민준이도 성공했다. 민준이의 상황처럼, 족집게 수학 과외가 중요한 것이 아니다. 가장 중요한 것은 아이가 정말 이해하고 있는지 확인하는 것이다.

심화문제를 풀고, 선행 진도를 나가는 게 중요한 걸까? 물론 아이가 스스로 어려운 문제도 풀고, 선행도 나갈 수 있으면 정말 좋을 것이다. 하지만 가장 중요한 것은 우리 아이의 상황에 맞지 않는 공부를 시켜서는 절대 안 된다는 것이다. 부족한 부분이 어디인지, 구멍이 어느 부분인지 찾아서 메우고 채우는 일이 가장 중요하다. 더 이상 엄마의 만족을 위한 공부를 아이들에게 강요하지 말아야 한다.

아이가 따르는 진짜 멘토, 알파가 되라

아이의 인생을 바꿔주기 위해 우리는 어떤 선택을 해야 할까? 아이와 나는 어떤 관계가 되어야 할까? 아이와 우리의 관계에 대해 먼저 알아보자.

그동안 아이와 우리의 관계는 어떻게 되어 있었는가? 혹시 친구같이 편한 관계인가? 아니면 진심으로 하는 대화가 어려운 관계인가? 나는 열심히 아이와 대화하려고 시도했지만, 아이가 내 마음처럼 잘 따라주지 않던가?

우린 나라는 나이에 굉장히 민감한 문화를 갖고 있다. 높임말, 예의에도 민감하다. 이런 문화 속에서 자연스레 아이와 부모의 망가져 간다. 어른들은 아니라고 하지만, 대부분의 아이들은 부모님과 자신의 관계가 갑을관계라고 생각한다.

그렇다면 갑을관계란 어떤 관계일까? 간단히 말하면 상하관계이다. 위와 아래가 정해져 있는 관계.

일상생활에서 예를 들자면, 우리가 보통 마주하는 일반적인 직장에서의 관계가 있다. 실제로 우리가 직장이나 주변에서 싫어하는 사람들에 대해 생각해보면 "나 때는 말이야.", "요즘 어린 것들은 근성이 없어." 하는 사람들이 많지 않은가? 혹시 우리 아이들이 우리를 보는 시각도 비슷하다고 생각해보지는 않았는가? 보통 어른들이 이거 해라, 저건 하지 마라 하고 이야기하면 아이들은 "네", 혹은 "아니요" 하고 대답을 해야 대화가 끝이 난다.

이게 대화일까? 경제적으로 어른들에게 의존할 수밖에 없는 아이들 입장에서는 이 대화에 응할 수밖에 없다. 실제로 아이들은 어른들의 말을 잔소리라고 받아들인다.

직장에서의 상하관계에서 상사가 마음에 들지 않아 당장 때려치우고 싶어도 월급을 주니까 다니는 것이며, 직장을 다니려면 일단 관계 유지는 해야 하니까 대화라도 하는 것이다.

그렇다면 선생님과 학생의 관계는 어떨까? 선생님은 가르치는 사람, 평가하는 사람이며 아이들은 배우는 사람, 평가받는 사람이다. 이런 관계 또한 갑을관계이다.

이처럼 문제점만 잘 파악하고 있어도 해결은 어렵지 않다. 또한 문제를 해결한다면 아이에게 훌륭한 엄마가 될 수 있고, 아이 스스로 공부하도록 만들 수도 있다.

예를 들어, 학생이 100명이 있다고 생각해보자. 그중에 우리 아이는 10

등을 한다. 우리 아이는 잘하는 걸까, 못하는 걸까? 물론 객관적으로 보면 잘하는 편이다. 100명 중 10등이면 상위 10% 안에 드는 거니까. 실제로 상위 10% 안에 들면 인서울을 할 수 있다. 하지만 목표와 욕심이 어디까지인지에 따라 달라질 수 있다. 보통 상담해보면, 상위 10% 학생들은 스스로는 어느 정도 잘한다고 생각하지만, 부모님은 그렇게 생각하지 않는 경우가 아주 많다. 그래서 부모님은 본인의 욕심 때문에 아이에게 항상 못한다고 말한다. 더 열심히 해서 더 높은 등수를 맞으라고 한다. 이때 아이는 무슨 생각을 하게 될까?

'나 정도면 못하지는 않는데.', '잘하고 있는 것 같은데 왜 맨날 못한다고만 하시지?', '어떻게 하면 엄마한테 칭찬을 들을 수 있을까?' 이런 생각들을 한다. 처음에는 엄마의 뜻대로 움직여준다. 인정받기 위해 열심히 노력할 것이다. 이때 엄마는 보통 뿌듯해한다. '역시 목표는 높게 잡아야지.', '우리 애는 자기보다 잘하는 친구들이랑 친하게 지내야지.', '좋은 학원에 보내고, 잘하는 아이들과 같은 학원에 보내서 더 잘하게 만들어야지.' 이런 생각들을 한다. 하지만 어느 순간 아이는 알게 된다. 자기는 평생 엄마를 만족시킬 수 없다는 것을 말이다.

10등에서 정말 열심히 노력해서 9등이 된다면 과연 엄마가 기뻐할까? 잘했다고 칭찬해줄까? 대부분은 아니다. 왜일까? 아직도 우리 아이보다 더 잘하는 8명이 보이기 때문이다. 이 말을 하는 이유가 있다. 현재 100명 중 10등이라고 했을 때, 우리 아이보다 성적이 낮은 아이들이 90명이나 된다. 그에 비해 우리 아이보다 성적이 높은 아이는 9명뿐이다. 칭찬을 해줘야 맞는 상황이다. 우리 아이보다 못한 90명이 보이는 엄마가 있고, 우리 아이보다 잘한 9명이 보이는 엄마가 있다.

똑같은 상황에서 엄마로부터 "10등이나 했네? 잘했어."와 같은 칭찬을 들은 아이는 어떻게 될까? 당연히 자신감이 더 생길 것이다. 공부를 하더라도 엄마한테 칭찬받을 생각에 기쁜 상상을 하며 공부할 수 있다. 칭찬을 많이 받으면서 자란 아이의 친구 관계는 어떨까? 긍정적인 생각을 많이 하기 때문에 당연히 좋을 수밖에 없다. 친구 관계가 좋아지면 쓸데없는 생각을 하지 않게 된다. 필요 없는 스트레스도 줄어든다. 몸도 마음도 건강해지고, 스스로 행복한 미래를 꿈꾸며, 목표를 가지고 공부할 수 있는 힘이 길러지는 것이다.

그렇다면 반대로 자신보다 성적이 높은 9명만 바라보며 더 높이 올라가기를 바라는 엄마의 경우에는 어떨까? 당연히 엄마는 만족하지 못할 것이다. 칭찬을 해줄 리가 없다. 몇 등을 하든 더 위만 보일 것이고, 아이는 지쳐갈 것이다. 결국 아이는 공부에 흥미를 잃고, 엄마와 거리가 멀어지게 된다.

그렇다면 아이를 위해 엄마는 어떤 모습으로 변해야 할까? 멘토를 넘어 다음 단계인 '알파'가 되어야 한다.

멘토라는 단어는 많이 들어 보았을 것이다. 멘토의 사전적 의미는 현명하고 신뢰할 수 있는 상담 상대, 지도자, 스승을 말한다. 일반적으로는 아는 것을 알려 주는 사람, 이끌어 주는 사람을 멘토라고 많이 부른다. 실제로 어떤 사람이 멘토라고 할 수 있을까?

존경을 받는 사람, 믿고 따르고 싶은 사람, 내가 바라는 것들을 해결해 줄 수 있는 사람이 멘토가 될 수 있다. 즉 존경하고 믿고 따르고 내가 바라는 부분의 해결책을 내주고 같이 해줄 수 있는 사람이다.

알파는 내가 주로 쓰는 말이다. 여기서 말하는 알파란 특별히 무언가를 시키지 않아도 알아서 나를 따라오게 만드는 것이다. 나의 어떤 모습을 보고 나서, 내가 시키지 않아도 알아서 나를 따라오고 본받게 할 수 있는 것이다. 아이가 '엄마처럼 되고 싶다'는 생각을 가지고 있어서 시키지 않아도 알아서 엄마를 따르게 된다면 그 엄마는 아이에게 '알파'이며 진짜 '멘토'인 것이다.

실제 엄마를 포함해 대부분의 어른들은 알파나 멘토가 아니라 갑이 되려고 한다. 어떻게 하면 아이들에게 알파가 될 수 있을까? 진짜 멘토이자 알파가 되는 방법은 네 가지가 있다.

첫째, 항상 아이의 입장에서 생각해야 한다.

둘째, 많은 기대를 하지 말아라.

셋째, 약속을 하고 꼭 지켜라.

넷째, 모든 것을 아이가 직접 말하게 하라.

이미 우리가 알고 있는 것들이다. 하지만 잘 지켜지지 않는 것들이기도 하다.

첫째, 아이의 입장에서 생각해야 한다. 그러려면 반드시 필요한 것이 있다. 입장을 바꿔 생각해 보는 것이다.

우리가 아랍어 수업을 듣고 있다고 가정해보자. 앞에서 선생님은 계속해서 설명하고 있다. 하지만 아랍어를 배워본 적도 없는 우리에게는 너무 어렵고 재미가 없다. 그런데 시험은 본다고 하니 어떻게든 공부는 해야 한다. 너무나도 끔찍한 상황이 아닌가? 이런 감정을 우리 아이들은 매일 매일 느낀다. 우리는 아이의 이런 상황에 대해 충분히 공감해주고 위로해 주어야 한다. 우리와 마찬가지로 아이들도 납득이 되지 않는 것은 진심으로 하지 않는다.

지금 이 책을 읽고 있는 상황도 마찬가지이다. 만약 누군가 억지로 이 책을 읽게 했다면, 과연 재미있게 읽을 수 있을까? 항상 아이의 입장에서 생각해 보면 모든 행동들이 이해가 될 것이다.

둘째, 많은 기대를 하지 말아라. 하지만 우리는 항상 기대를 하면서 살고 있다. 앞으로의 인생이 지금보다는 좋아질 것이라는 희망과 기대를 품는 것은 좋다. 하지만 우리 아이에게는 기대를 하면 안 된다. 소통이 되지 않는 대부분의 이유는 부모님의 지나친 관심과 기대 때문이다.

실제로 우리 아이의 실력은 50점이라고 생각해보자. 어떤 생각이 들까? 보통의 경우에는 최대한 빨리 90점, 100점까지 성적을 올려주고 싶어 한다. 처음에는 순수하게 아이가 잘되었으면 좋겠다는 마음뿐이었을 것이다. 하지만 그 과정에서 우리의 투자와 노력이 들어가게 된다. 기대감도 생긴다. '이렇게 하면 아이가 잘될 거야.', '난 잘하고 있어.'라고 생각하게 되면서 확인하고 싶어 한다. 그러다 보면 욕심이 된다. 우리도 모르는 사이에 90점 100점을 바라는 것이다. 이미 아이가 현재 50점이라는 생각 자체를 하지 않는다.

50점 받던 아이는 엄마의 노력을 보고 감동을 받는다. 정말 이번에 열심히 엄마한테 칭찬받고 싶어서 열심히 공부를 할 것이다. 그렇게 해서 70점을 맞았다. 20점이나 올랐다. 그럼 이 학생은 잘한 걸까, 못한 걸까?

남 일이라고 생각하고 객관적으로 보면, 이 아이는 열심히 했고, 잘한 것이다. 하지만 실제 우리는 어떻게 생각하는가? 90점을 기대했는데 70점을 맞은 것으로 생각해버린다. 그러면서 다른 사람들과 비교를 한다. '영희는 90점 맞는데 너는 왜 70점밖에 못 맞니? 엄마가 얼마나 열심히 뒷바라지했는데.' 성적이 오른 것에 대한 칭찬은 한마디도 없이 다그치기 시작한다. 사실 이런 경우 대부분은 점수 말고 우리 아이의 실제 상황을 전혀 알지 못해서 문제가 생기는 것이다.

사실 초등학교 때는 조금만 공부해도 80~90점은 쉽게 나온다. 그리고 우리도 이런 편견을 가지고 있다. 그런데 실제로 80~90점 맞는 학생의 실력이 모두 같지는 않다. 단원 평가의 경우에는 여러 문제의 풀이 방법이 동일한 경우가 많다. 더하기 빼기 단원에서는 그냥 더하기 빼기만 했더니 맞힌 경우도 있을 것이다. 그리고 평소에 취약 부분이었던 서술형 문제가 쉽게 나오거나 안 나왔을 수도 있다. 여러 가지 이유로 점수가 잘 나올 수도, 안 나올 수도 있는데, 그것을 진짜 실력으로 착각한다.

사실은 50~60점 맞는 친구들도 많은데 우리 눈에는 90점 100점 맞는 친구들만 보인다. 하지만 아이들 눈에는 50점 60점 맞는 친구들도 보인다. 그래서 아이는 엄마에게 말한다.

"나는 잘 못하긴 했는데 그래도 얘보다 잘했어. 그래도 열심히 했으니까 칭찬해줘."

하지만 엄마들은 더 높은 것만 보고 있다.

"무슨 소리야? 영희는 90점을 맞았는데 어떻게 칭찬을 해?"

이것이 아이와 멀어지는 시작점이다. 우리 아이의 현재 상황을 정확하게 알고 나서 계획을 짜야 한다. 그리고 기대를 가지면 안 된다. 기대를 하는 대신 아이의 정확한 현재 상황을 파악하고, 앞으로 어떻게 해야 할지 방향을 잡아주어야 한다.

초등학교 4학년이라고 해서 3, 4학년 내용을 전부 다 아는 게 아니다. 특히나 코로나 기간에 많이 느꼈겠지만, 아이들이 지금 학년 공부가 제대로 안되는 경우가 많다. 이런 경우 앞부분이 안 되어 있을 가능성이 높다. 그렇다면 3학년 내용 복습을 해야 될까, 아니면 4학년 지금 진도를 해야 될까?

당연히 3학년 내용 복습을 해야 한다. 하지만 학교에서도, 학원에서도 3학년 내용을 복습시켜주지 않는다. 아이들은 복습을 정말 싫어하고 힘들어한다. 우리가 아이에게 많은 기대를 하고 있다면, 분명 4학년 내용이나 선행을 시킬 것이다. 하지만 기대를 하지 않고, 아이에게 필요한 것을 채워주기 노력한다면 방향을 잡아주기 위해 노력할 수 있다. 그렇게 되면 아이에게 엄마는 알파가 될 것이고, 아이는 알아서 따라오게 될 것이다.

셋째, 약속을 하고 꼭 지켜라. 이것이 되지 않는다면 아이에게 정말 알파가 될 수가 없다. 아이가 성장할수록 신뢰 관계는 중요해진다. 사춘기가 되면 대부분 아이들이 하는 말이 있다.

"엄마가 나한테 해준 게 뭐가 있어?"

"나에 대해서 아는 게 뭐야?"

"관심도 없잖아."

실제로 관심이 많고 신경을 많이 써주더라도 이런 이야기는 꼭 나온다. 여태까지 아이와 한 약속을 엄마가 잘 지켰는지 생각해 보면 된다. 단, 아이 입장에서 생각해야 한다. 엄마 입장에서는 당연히 약속을 지키지 않은 것이 없다고 생각할 것이다. 실제 상담해보면 대부분 그렇게 생각한다. 아이에게 물어보면 알 수 있다. 언제 엄마가 약속을 안 지켰는지 아이들은 사소한 것까지 다 기억하고 있다.

예를 들어 이번에 성적 잘 맞으면 게임 2시간 하게 해준다고 약속했다고 가정하자. 엄마 입장에서 5시부터 7시까지 게임 시간으로 정하고 게임을 하라고 했다. 그런데 아이가 조금 집에 일찍 와서 4시에 시작을 한 것이다. 그러면 몇 시에 끝내야 될까? 2시간이면 6시에 끝내야 한다. 실제로 엄마는 6시에 게임을 끝내게 했고, 약속을 지켰다고 생각한다. 하지만 아이 입장에서는 7시까지 하기로 약속했는데 엄마가 끄라고 해서 6시에 끝냈다고 기억한다. 대화와 소통이 부족했기 때문에 이런 일이 생기는 것이다.

일 때문에 바쁘다 보면 사소한 약속을 놓칠 때도 있다. 만약 지키지 못하게 되면 아이를 설득해서 정확하게 이야기를 해주어야 한다. 약속을 항상 지키는 엄마가 되어야 아이에게 멘토가 될 수 있고, 알파가 될 수 있다.

넷째, 모든 것을 아이가 직접 말하게 하라. 사실 가장 중요한 것이다. 참 신기하게도 똑같은 말이어도 엄마가 하면 아이들 입장에서는 엄마가 시킨 것이 된다. 이때부터 갈등이 시작이다.

예를 들어서 엄마가 "다음번부터 이렇게 하면 혼나."라고 이야기했다고 가정해보자. 이 이야기를 했을 때 엄마 입장에서는 아이랑 약속을 한 것이다. 그런데 아이 입장에서는 엄마 혼자 말한 것이 되어 버린다. 대답을 강요하니 어쩔 수 없이 아이는 알겠다고 한 것이다. 그렇게 대답하지 않으면 이 상황이 넘어가지 않을 것 같으니 어쩔 수 없이 그냥 대답한 것이라고 핑계를 댈 것이다. 같은 내용이어도 무조건 아이 입에서 직접 나오도록 유도해야 한다.

"다음부터 이러면 제가 혼날게요."라고 직접 이야기했다면 다음번에 같은 잘못을 했을 때 혼내더라도 납득을 한다. 물론 쉽지는 않다. 그래서 노하우를 배워야 한다.

아이들은 대화하기 싫은 상황에서 회피하는 경향이 있다. 회피하기 위해서 빈말을 할 때도 있다. 이 타이밍을 잘 이용한다면 아이 입에서 약속하는 말을 이끌어 낼 수 있다.

학원에서 학생들과 약속을 할 때 자주 이용하는 방법이 있다. 개별 수업이기 때문에 시간 조율이 가능했던 상황에서 아이가 힘들어하는 것이 보이면 먼저 물어보았다.

"혹시 오늘 많이 힘들어? 일찍 보내줄까?"

"네. 조금 힘들어요. 일찍 가고 싶어요."

"오늘 컨디션이 좋지 않으니 일찍 가는 것은 괜찮은데, 다음에 보충은 어떻게 할 계획이니?"

"오늘 1시간 일찍 가니까 다음에 1시간 보충을 할게요."

"보충을 똑같은 만큼만 하면 집중 안될 때마다 보충한다고 하고 집에 가려고 하지 않을까? 10분이라도 더 해야 할 것 같은데."

보통 이 상황이 되면 잠시 고민한다. 그리고 집에 너무 가고 싶은 나머지 일단 약속을 한다.

"네 그럼 다음에 1시간 10분 보충할게요."

다 된 것처럼 보이지만 여기서 끝내면 안 된다. 다시 물어보아야 한다.

"그럼 1시간 10분을 몇 번에 나누어서 할래? 무슨 요일, 몇 분씩 할 건지 생각해봐."

잠시 고민하겠지만, 집에 일찍 가고 싶은 생각에 자기 입으로 이야기하게 된다.

"이번 주 수요일에 30분, 금요일에 40분 더 보충할게요."

억지로 대답한 것처럼 보이지만 사실 그렇지 않다. 아이에게도 선택권이 있었기 때문이다. 선택권을 주면서 스스로 말하게끔 이끌어내는 것이 중요하다. 아이 입장에서는 1시간 10분 보충하기 싫으면 오늘 해야 할 1시간을 마저 하고 가면 된다. 사소하지만 이런 노하우를 익히고 아이와 약속을 해야 효율적인 약속을 할 수 있고, 엄마 혼자만의 약속이 아니라 함께한 약속이 되는 것이다.

실제로 이런 일이 많다. 아이가 혼날 일이 생겼다. 엄마는 이야기할 것이다.

"지난번에 이렇게 하면 혼난다고 했어, 안 했어?"

이랬을 때 반응은 둘 중 하나다. 엄마와 다투기 싫어서 "네." 하고 건성으로 대답하고 끝내는 경우가 있고, "저는 그런 적 없어요. 엄마 혼자 얘기한 거죠." 또는 "기억이 안 나요."라고 회피를 한다. 하지만 본인 입으로 약속한 경우에는 반응이 다르다. 그런 적 없다고 하거나 기억이 안 난다고 하면 거짓말하는 것이기 때문이다.

생각보다 거짓말하는 것에 대해 아이들은 죄책감을 많이 느낀다. 그래서 조금 더 효과가 좋다.

진짜 멘토, 알파가 되는 것은 노하우만 안다면 그리 어렵지 않다. 항상 아이의 입장에서 생각하고, 많은 기대를 하지 않고, 약속한 것은 꼭 지키며, 모든 것을 아이가 직접 말하게 하면 된다. 아이 스스로 공부시키기 전에 필수로 해야 하는 것이기 때문에 우리 아이의 상황에 맞게 연습해서 모두 아이에게 알파가 될 수 있으면 좋겠다.

게임 중독까지 끊게 하는 알파 엄마의 힘

아이에게 진짜 멘토, 알파가 된다면, 어떤 게 좋을까?

먼저 아이가 스스로 행동하게 된다. 스스로 결정하고 본인이 책임감을 가지고 행동하게 되어 엄마와 다툴 일도 많이 줄어들게 된다. 아이는 한 번 더 생각하고 행동할 것이다. 본인이 한 약속을 지키지 않는 행동을 하거나, 거짓말을 하는 행동들을 하지 않으려 노력할 것이다.

아이가 스스로 행동한다면 어떻게 될까?

당연히 우리가 아이에게 잔소리할 일이 줄어들게 된다. 본인이 스스로 엄마를 따르는 것이기 때문에 잔소리할 일도 줄어든다. 잘못하거나 지키지 못한 것에 대해서는 책임도 물을 수 있다. 책임이라는 게 대단한 것이 아니라 "네가 지난번에 이렇게 말했지 않니?", "네가 직접 약속했지 않았니?"라고 이야기하면 아이는 할 말이 없다. 이렇게 해도, 저렇게 해도 빠져나갈 구멍 없이 자기가 잘못한 게 되기 때문에 따를 수밖에 없다. 잘못한 것을 알면서도 지키지 않거나 거짓말하는 경우도 있을 것이다. 이 부분에 대해서 정확히 지적하고, 이야기해야 한다.

엄마한테 배워서 친구들 사이에서 알파가 될 수 있다고 이야기해주는 것도 좋다. 친구들 사이에서 알파가 된다는 것은 친구들이 나를 따라오게 하고 내 주변에 계속 있고 싶게 만드는 것이다. 모든 사람들이 그렇지만 특히 아이들은 주변에 친구가 많았으면 하고 바란다. 사춘기 아이들에게는 이런 게 큰 행복이다. 친구들 사이에서 인기가 많아질 수 있다고 하면 아이들은 무조건 엄마에게 배워서 하려고 할 것이다.

나 또한 중학교 때쯤 수학 문제를 잘 푸는 편이었다. 원래 친구가 많은 것은 아니었다. 하지만 친구들에게 수학 설명도 해주고 장난도 치고 하다 보니 친구들이 질문도 하고 하나둘씩 모이기 시작했다. 아직도 이때의 희열을 잊을 수가 없다. 이 모든 것이 엄마가 아이에게 알파가 된다면 가능해지는 것이다.

구체적으로 일상생활에서 알파 엄마들은 어떤 변화를 만들어낼 수 있을까? 대부분 엄마들의 고민이기도 한 아이들의 게임 중독, 스마트폰 중독마저도 해결할 수 있게 된다.

요즘 아이들 대부분이 게임 중독이나 스마트폰 중독 둘 중 하나에 해당한다. 스스로 자제하지 못하고, 게임이나 스마트폰을 오랫동안 하지 않으면 불안해지는 정도만 되더라도 넓은 의미의 중독이라 한다. 하루 몇 시간을 하는지보다 하지 않으면 불안하다는 것이 더 중요하다. 특히 학년이 올라갈수록 이 부분은 점점 더 심해진다.

예를 들어 똑같이 하루에 2시간 정도씩 하는 경우여도, 약속된 시간만큼만 하는 것이면 괜찮지만 약속된 시간이 지나고 나서도 계속하려고 하면 중독에 가깝다고 볼 수 있다.

보통 남학생들은 게임 중독이 더 많고, 여학생들은 스마트폰 중독이 더 많다. 그렇다면 원인이 뭘까?

학년이 올라가고 나이가 많아질수록 엄마보다는 학교 친구들이나 채팅 상대, 게임 멤버들과의 교류를 더 중요시한다. 그렇기 때문에 게임을 하고 스마트폰을 하는 것이다. 그리고 이 시기에 정말 중요한 것은 바로 소속감이다. 내가 채팅으로 대화하고 있는 단체 대화방 사람들과의 소속감, 게임을 같이하는 팀원들과의 소속감. 소속감은 곧 '내가 빠지면 안 돼.'가 된다. 이때 아이들의 심리는 크게 두 가지이다.

관심받는 것에 대한 기쁨과 소외될 수도 있다는 불안감. 이것이 중독의 가장 기본적인 원인이다. 그렇다면 애초에 이런 상황은 왜 오게 되었을까?

첫 번째로 부모님이 자신에게 관심이 없다고 생각한다. 그러면서도 잔소리만 하는 사람으로 생각하는 것이다. 그러나 매일 마주치는 사람이기도 하다. 집에는 있지만, 부모님을 잊고 지내고 싶은 것이다. 부모님을 잊게 하면서, 그 빈자리를 가장 빠르게 채울 수 있는 것이 게임이나 스마트폰이다.

비슷한 생각을 하고, 취미도 비슷한 아이끼리 현실과 가상 세계의 중간

쯤에 모여서 스마트폰이나 게임을 하며 놀게 되고, 이런 경우에는 성격이 잘 맞는 경우도 많다. 그러다 보면 시간 가는 줄 모르는 것이다. 꼭 기억해야 할 것은, 게임이나 스마트폰에 빠져 있는 아이들은 대부분 자신에게 닥친 현실이 너무 힘들고, 기댈 곳이 없는 상황이라는 것이다. 애초에 집이 기댈 곳이 되어주었다면 스마트폰이나 게임에 중독되지도 않았을 것이다.

조금 더 주된 원인들을 살펴보면 크게 세 가지가 있다. 부모님과의 문제, 친구들과의 문제, 성적 문제이다. 엄마는 나한테 관심도 없고 잔소리만 하는 사람이라면, 과연 제대로 대화가 될까? 공부를 했는지 안 했는지 확인만 하고, 더 이상 대화도 잘 안 되고, 엄마는 말하고 아이는 대답만 하는 일방적인 대화만 하고 있을 것이다.

친구 문제의 경우는 다소 민감하다. 실제로 문제가 있다고 하더라도 문제가 커질 때까지는 이야기하지 않을 가능성이 높다. 그렇기 때문에 엄마들이 알고 있는 것이 다가 아닐 가능성이 높다. 실제로 이런 경우를 정말 많이 보았다. 부모님과의 사이가 좋지 않을 때 친구와 문제가 생기게 되면 상황은 걷잡을 수 없이 빠르게 악화된다. 기댈 수 있는 곳이 없기 때문이다. 사실 문제가 생겼을 때 부모님께 이야기해서 의논해보면 쉽게 해결되는 문제들이 정말 많다. 하지만 대화가 되지 않기 때문에 시간이 지날수록 문제는 걷잡을 수 없이 커지고 그제야 엄마가 알게 된다. 그때가 되면 엄마도 해줄 수 있는 것이 거의 없다.

다음으로 성적 스트레스이다. 나는 열심히 하는데 성적이 안 올라가는 경우도 있고, 단순히 공부가 하기 싫은 경우도 있다. 힘들게 공부하고 시험이 끝나고 갑자기 자유를 맞게 되면서 자제력을 잃게 되기도 한다. 그래서 시험 후 며칠간 밤새도록 게임하거나 스마트폰만 하는 아이들도 정말 많다.

그렇다면 중독의 원인이 되는 부모님과의 문제, 친구들과의 문제, 성적 관련 문제는 왜 생길까?

부모님과의 문제는 갑을관계가 원인이다. 엄마는 자꾸 갑이 되어 아이들에게 명령만 하는 경우에 더 큰 문제가 생긴다. 이는 알파, 진짜 멘토가 된다면 자연스럽게 해결된다.

그러려면 어떻게 해야 될까? 아이가 부모님을 스스로 따를 수 있게 해야 한다. 그 전에 먼저 대화가 자연스럽게 이루어져야 한다. 아이가 부모님에게 "사실은 난 이렇게 생각하는데 이렇게 하면 안 될까?"와 같이 먼저 의견을 낼 수 있다면, 엄마가 점점 알파에 가까워지고 있는 것이다. 사실 아이가 자신의 의견을 이야기하지 않고 대화가 잘되지 않는다면, 이미 문제가 생기고 있다는 것을 의미한다. 그렇기 때문에 꼭 이 부분을 체크해야 한다.

간섭의 문제도 있다. 모든 기준은 아이에게 맞춰야 한다. 아이가 간섭이라고 생각하면 그건 간섭하는 것이다. 그리고 기대를 내려놓아야 한다. 기대를 너무 많이 해서 문제가 생기는 경우가 많다. 기대를 하면 간섭을 하게 되고 아이와 사이가 멀어진다.

그리고 아이 스스로 모든 일들을 결정할 수 있도록 해야 한다. 아이가 직접 결정하지 않고 엄마가 결정을 하면 "엄마가 시켰잖아."라는 이야기가 나오게 된다. 아이 스스로 모든 일을 결정하게 하고 결정하지 못하는 일들이 있다면 편하게 물어볼 수 있는 분위기를 만들어 주면 된다.

"저 이거 하려고 하는데 너무 어려워요. 도와주세요." 이런 이야기가 나오도록 만들어야 한다. 물어보지도 않았는데 알려주는 것은 간섭이다. 하지만 아이가 먼저 질문을 하고 엄마가 "이렇게 해 보는 건 어떻겠니?" 하고 얘기한다면 이것은 조언을 해준 것이다.

친구들과의 문제는 어떤 원인이 있을까? 경우에 따라 조금씩 다르다. 친구 사이에 문제가 있었던 경우도 있고 아닌 경우도 있다.

만약 어렸을 때 따돌림을 당한 적이 있다면 그 트라우마 때문에 다시는 그런 경험을 하기 싫을 것이다. 그래서 나를 보호해 줄 수 있는 친구들 집단에 들어가기를 원한다. 친구들 집단에 들어가려면 끌리는 것이 있어야 한다. 공부를 잘하든, 운동을 잘하든, 말을 잘하든 무언가가 있어야 한다. 이 중 해당하는 것이 있다면 다행이지만, 대부분은 셋 다 아닌 경우가 많고, 그래서 힘들어하고 자존감도 낮아진다. 이런 경우 엄마가 알파가 된다면 같이 의논할 수도 있고, 대화를 많이 하다 보면 말도 잘하게 되고, 엄마를 닮고자 하면 모든 면에서 열심히 할 것이다. 자연스럽게 친구들이 주위에 많아지고 아이는 더 긍정적이며 능동적으로 변하게 된다.

성적 문제에도 원인이 있다. 누구나 다 성적을 잘 맞고, 공부를 잘하고 싶어 한다. 게임이나 스마트폰의 유혹을 뿌리치지 못하기 때문에 성적이 낮은 것이다. 성적이 낮아서 힘든 마음에 또 스마트폰과 게임을 찾는다.

이런 악순환이 계속해서 일어난다. 그렇게 되면 부족한 부분을 찾아서 공부하려고 하지도 않고, 급한 대로 외워서 위기 모면을 한다. 또한 새로운 내용을 배워도 계속해서 이해가 되지 않으니 외우기를 반복한다. 대부분 이런 비슷한 문제를 겪는다.

이런 상황에서 어른들은 어떻게 할까? "공부해라.", "게임 하지 마.", "스마트폰 하지 마라." 이렇게만 얘기를 한다. 이런 이야기 말고 해줄 수 있는 말이 없기 때문이다. 아이에 대해서 아는 것도 없고, 이전에 다른 대화를 해 본 적도 없기 때문에 하지 말라고만 반복해서 말한다. 이런 식으로 이야기하면 아이들은 '저러다 말겠지.'라고 생각하며 진지하게 듣지도 않는다.

이유 설명 없이 명령적으로 이야기해도 통하는 건 초등학교 저학년까지다. 3, 4학년만 돼도 더 이상 통하지 않는다. 엄마가 만약 스마트폰을 하지 말라고 이야기를 했다고 하자. 어떤 문제가 생길까? 아이는 엄마가 자고 있을 때나 엄마가 안 볼 때 몰래 스마트폰을 한다. 걸릴 때까지 안 한 척할 것이고, 걸리더라도 방금 시작했다고 할 것이다. 결국 엄마는 아이가 몇 시간을 했는지 알 수 없고, 아이는 많이 한 것을 들키지 않으려고 거짓말을 하게 되고, 거짓말을 하기 싫으니 대화를 피하게 된다.

그렇다면 어떻게 해결해야 할까? 해결을 하려면 아이가 스마트폰을 왜 하는지 알아야 하고, 여러 원인 중 어떤 부분이 가장 힘들었을까 알아야 한다. 아이는 분명 힘든 점이 있었을 것이다. 하루 종일 공부만 해서 힘들었다든지, 기분이 안 좋다든지 어떤 이유인지 진심으로 물어봐야 한다.

물어보라고 하면 많은 분들이 착각을 한다. "스마트폰을 왜 아직까지 하고 있어?" 이렇게 말하는 것은 물어보는 게 아니다. 아이 입장에서는 그냥 끄라는 소리로 들린다. 힘든 점을 진심으로 물어보고 아이의 얘기를 들어주어야 한다.

들어줄 때는 어떻게 해야 할까? 공감을 하면서 들어주어야 한다. "그랬구나."라고 하면 공감이 아니라 최소한 "이 부분이 힘들었구나. 그러면 엄마가 이렇게 도와줄까?" 정도까지 공감을 해주어야 한다. "많이 힘들었겠네. 조금 쉬어." 이런 식으로 아이의 입장에서 많이 공감해야 아이는 엄마가 자기 편이라고 느낄 수 있다.

앞에서 이야기했던 약속을 하고 꼭 지키라는 말을 기억하는가? 스마트폰 관련해서 약속은 어떻게 하면 좋을까? 실제로 할 수 있는 것을 약속으로 잡아야 한다. 하루 종일 게임만 하던 아이에게 갑자기 내일부터 하루 3시간씩 공부하라고 하면 대답은 하겠지만 스스로 불가능하다고 생각하고 포기할 가능성이 높다. 아이도 납득할 수 있도록 처음에는 30분, 1시간, 2시간 이렇게 서서히 늘려가야 한다. 한 번에 너무 무리한 시간을 요구한다면, 엄마 혼자 물어보고 약속한 거라고 생각하고 악순환이 반복된다.

그렇기 때문에 아이가 진짜 할 수 있는 약속을 직접 자기 입으로 이야기하게 해야 한다. 당당하게 자기만의 시간을 얻게 하는 것이다. 아이들은 몰래 하는 2시간보다 허락받고 당당하게 하는 자유시간 1시간을 더 좋아한다. 어차피 몰래 2시간을 할 바에는 약속을 지켜서 당당하게 1시간을 얻게 해야 자유시간을 서서히 줄일 수 있다. 다만 주의해야 할 점이 있다. 사람은 자기에게 유리한 것만 기억한다. 엄마도 약속을 지켰다는 것을 어필해주는 것이 좋다. 그렇지 않으면 아이는 엄마가 얼마나 힘들게 약속을 지켰는지 기억하지 못한다. 그래야만 아이가 다음에 또 약속을 지킬 수 있다. 그리고 반드시 약속은 본인 입으로 이야기할 수 있도록 해야 한다.

또한 손해 보는 듯한 약속은 하지 않으려고 하기 때문에 보상 개념의 약속을 더 하는 것이 좋다. 덧붙여 약속을 지키지 않았을 때는 어떻게 할지도 정해야 한다.

학생들 중 나를 진짜 멘토로 생각하는 아이들이 꽤 있다. 모두 이 방법을 이용한 것이다. 내가 선생님이라서 된 것이 아니다. '이 사람은 내 편이야.', '나한테 꼭 필요한 존재야.', '이 사람처럼 되고 싶어.' 하는 생각이 들기 때문에 아이들이 나를 멘토로 생각하는 것이다.

나만 할 수 있는 것이 아니다. 이제는 우리 모두 할 수 있다. 우리가 아이에게 진짜 멘토, 알파가 되는 순간 아이와 신뢰를 쌓을 수 있다.

이 네 가지를 잘 지켜주시면 아이에게 알파가 될 수 있다. 이것을 체계화시켜 놓는다면 알아서 약속을 지키게 만들 수 있다. 이제 우리도 아이에게 알파가 될 수 있다. 처음에는 어렵겠지만, 실행하고 나면 정말 많은 것들이 바뀌어 있을 것이다. 그리고 아이는 스스로 공부를 하고 있을 것이다. 이 모든 것들이 방법만 알면 어렵지 않다는 것을 알고, 자신감을 가지고 노력했으면 좋겠다.

04 CHAPTER

실전편

문제의 설명과 질문 노하우

문제 1 초등학교 3학년 2학기 분수

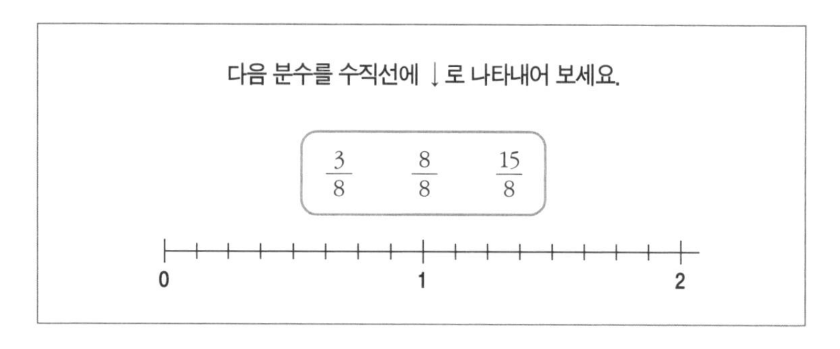

이런 문제에 대해 질문할 때는 먼저 분수의 개념을 제대로 알고 있는지부터 파악해야 한다. $\frac{3}{8}$이라는 수의 의미가 무엇인지부터 설명해 보게 하는 것이 좋다. 이때 아이의 대답은 다양하다. 개념이 머릿속에 있다면 피자 한 판을 8조각으로 나눈 것 중 3조각이라고 대답한다. 만약 여기서부터 막힌다면 분수의 개념과 의미부터 설명시켜 봐야 한다. $\frac{3}{8}$에 대해 제대로 설명했다면, $\frac{8}{8}$도 쉽게 설명할 수 있다. 피자 한 판을 8조각으로 나눈 것 중 8조각이다. 이렇게 대답한 아이는 이것이 1이라는 걸 알 수 있다.

만약 이 부분을 그냥 외워버렸다면 분모와 분자가 똑같으면 그냥 1이라고 설명을 한다. 이런 경우 $\frac{16}{8}$은 2라는 것을 이해하지 못하고 또 외우게 된다. 대분수가 나오면 또 외우게 된다. 이 부분이 잘 되지 않았다면, 아이에게 분수의 개념 내용에 대해 다시 설명시켜 공부하도록 해야 한다. 즉 아이가 $\frac{3}{8}$과 $\frac{8}{8}$, $\frac{15}{8}$ 모두 같은 원리라는 것을 알고 있는지 확인해야 한다. 그렇게 되면 $\frac{15}{8}$의 의미, 피자 한 판을 8조각로 나눈 것이 15조각 있다는 것을 알게 된다. 한 판을 넘어가서 8조각 중 7개까지 포함된다. 이런 간단한 원리가 가분수를 대분수로 바꾸는 원리와도 연결된다.

아직 끝난 게 아니다. 수직선에 대해서 아직 시작도 하지 않았다. 아이들은 수직선을 파악하는 데 많은 어려움을 겪는다. 이 문제의 경우는 0에서 1까지 하나, 둘, 셋, 넷, 다섯, 여섯, 일곱, 여덟, 정말 우연히도 눈금이 8칸 있다. 일반적인 수직선은 눈금이 10개씩 있기 때문에 그냥 외운 아이들은 한 칸에 $\frac{1}{10}$이라고 생각한다. 그래서 더할 줄 몰라서 얼마인지 모른다.

한 칸이 $\frac{1}{8}$이라는 것을 이해하고 있어야 한다. 그렇다면 $\frac{3}{8}$은 3번째 칸이라는 것을 알 수 있고, $\frac{8}{8}$은 8번째 칸인 1에 표시를 하게 된다. $\frac{15}{8}$는 15번째 칸이 된다. 만약 대분수에 대해 이미 배운 상황이라면 1에서부터 오른쪽으로 7칸 더 간 것이라 $1\frac{7}{8}$이라는 것도 알 수 있다. 어른들이 보기에는 정말 쉽고 간단한 문제이지만, 처음 배우는 아이들은 헷갈리고 어려울 수도 있다. 한 번에 이해되지 않는 것이 당연하다. 넓은 마음으로 아이에게 제대로 공부하는 습관을 길러주는 것이 좋다.

문제 2 대분수를 가분수로 바꾸기

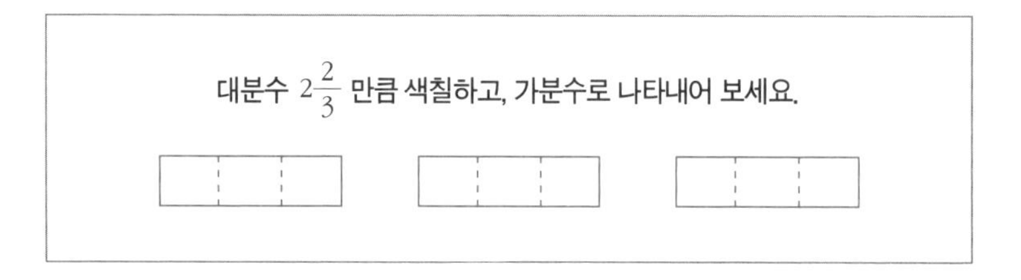

대분수를 가분수로 바꾸는 문제는 기본적인 문제이지만, 색칠하라고 하면 어렵게 생각할 수도 있다. 대분수에서 각각의 의미를 제대로 이해하고 있다면 정말 쉽다. 큰 □는 1이라는 의미이다. 점선 부분은 1을 3칸으로 나눈 것이고, 작은 1칸이 $\frac{1}{3}$이라는 것을 아이가 먼저 알고 있어야 한다. $2\frac{2}{3}$에서 왼쪽의 2는 자연수 부분을 의미한다. 그림에서는 큰 □ 두 개이다. $\frac{2}{3}$ 중 3은 하나를 3칸으로 나누었다는 의미이며, 2는 그중 2칸을 의미한다.

이런 기본적인 원리를 이해한다면 큰 □ 3개 중 왼쪽 2개를 색칠하고, 마지막 큰 □에서는 2칸만 칠할 것이다. 작은 1칸의 크기가 $\frac{1}{3}$이라는 것을 알고 있다면, 몇 칸을 색칠했는지 세 보면 바로 알 수 있다. 이런 과정들을 아이가 직접 설명할 수 있게끔 질문을 해주어야 한다. 또한 아이가 제대로 설명하지 못한다면 어느 부분을 모르는지 파악해서 제대로 이해하고 넘어갈 수 있도록 도와줘야 한다.

문제 3 초등학교 3학년 2학기 분수 - 가분수와 대분수의 크기 비교

> 가 호박은 $2\frac{2}{5}$ kg, 나 호박은 $\frac{16}{5}$ kg입니다. 더 무거운 호박은 어느 것일까요?

암기 위주의 공부를 한 아이들은 $2\frac{2}{5}$, $\frac{16}{5}$의 크기를 비교하라는 문제가 나오면 쉽게 풀겠지만, 이 문제처럼 호박이라는 말만 집어넣어도 어려워한다. 그동안 이런 아이들을 보면서 정말 안타까웠다. 똑같은 문제를 보고도 구분을 못 하니 더 안타까웠다. 이런 문제를 아이에게 설명시킬 때는 구하려고 하는 것이 무엇인지 물어보면 좋다. 문제의 의미를 제대로 이해하고 있는지부터 설명시켜 보는 것이다.

이해를 잘한 학생은 "$2\frac{2}{5}$ 와 $\frac{16}{5}$ 중 더 큰 것이 무엇인지 구하는 거예요."라고 대답한다. 문제만 반복해서 많이 풀어보고, 막상 이해를 하지 못한 학생은 "$\frac{16}{5}$이 더 커요."라고 한다. "왜 더 클까?"라고 물어보면 "$\frac{16}{5}$이 $2\frac{2}{5}$ 보다 더 크니까요."라고 대답한다. 물론 정답이다. 하지만 이렇게 대답하는 아이는 그동안의 패턴을 익힌 것이다. 이렇게 문제를 외우다시피 푼 학생은 문제가 글자 하나만 바뀌어도 다른 문제라고 생각하고 다시 외운다.

예를 들어, 이 문제에서 딱 두 글자만 바꿔서 무거운을 가벼운으로 바꾸면 다른 문제라고 생각하고 다시 외운다. 하지만 문제에 대해 정확히 이해한 학생은 문제에서 묻는 것이 무엇인지부터 파악한다. '무거운'이 '큰'과 같고, '가벼운'이 '작은'과 같다는 것을 먼저 파악한 후 문제를 푼다. 사소한 차이지만, 앞으로 수학을 계속 외우느냐 이해하느냐의 결정적인 차이가 된다.

여기까지 이해했다고 생각하고, 다음은 대분수와 가분수를 바꾸는 과정을 제대로 설명할 수 있는지를 봐야 한다. 이때 한 가지 방법만 풀게 하지 말고, 여러 가지 방법으로 설명시키는 것을 연습해 보아야 한다. 하나는 대분수, 하나는 가분수이다. 푸는 방법은 둘 다 대분수로 바꾸거나 둘 다 가분수로 바꾸는 방법이 있다. 하나의 문제도 여러 방법으로 풀 수 있기 때문에 그 방법들을 설명하는 연습을 꼭 시켜보아야 한다.

대분수를 가분수로 바꾸는 것을 어려워한다면 앞부분부터 복습시켜야 한다. 나 호박의 무게를 대분수로 바꾸면 $3\frac{1}{5}$인데 써놓고도 한참을 고민하는 학생들도 있다. 이 부분도 그냥 외웠기 때문에 크기 비교가 안 되는 것이다. 3의 의미, 5의 의미, 1의 의미를 알고 있다면, 자연수 부분이 클수록 크다는 것을 알 수 있다. 그리고 앞에서 그림을 그려보면서 충분히 연습했다면, 자연수 부분이 클수록 큰 수라는 것을 이해할 수 있고, 분모는 작을수록 큰 수라는 것을, 분자는 클수록 큰 수라는 것을 이해할 수 있다.

숫자 비교 문제는 고3까지 계속 나온다. 시작 단계인 지금부터 못하면 계속 외우게 될 것이고, 앞으로 계속해서 수를 비교하는 문제가 나올 때마다 헷갈리게 된다. 처음에는 시간이 더 오래 걸리지만, 제대로 이해하고 넘어가야 앞으로 쭉 편하게 수학 공부를 할 수 있다는 것을 명심해야 한다.

문제 4 초등학교 4학년 1학기 곱셈과 나눗셈

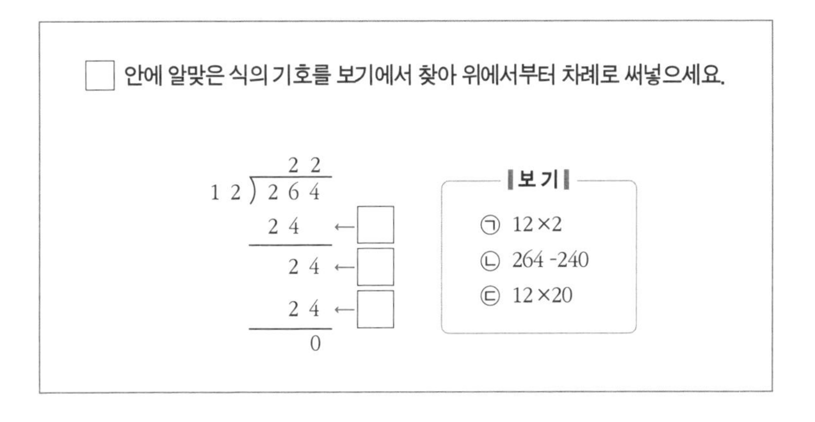

대부분 나눗셈은 기계적으로 연습해서 문제를 풀 수 있을 것이다. 하지만 단순 암기를 하면 어떤 문제를 어려워하게 되는지 이 문제를 살펴보면 알 수 있다. 정말 단순한 나눗셈 문제이다. 대부분의 아이들이 왼쪽에 보이는 것처럼 식을 세울 수는 있다. 하지만 문제처럼 각각의 수가 어떻게 계산되어서 나온 것인지, 실제 의미하는 수가 얼마인지를 자세하게 물어보면 대답을 못하는 아이들이 정말 많다. 개념에 대해서 정확하게 알고 있지 않으면 앞으로 이런 문제가 나올 때마다 계속해서 외우게 된다.

문제를 보면 빈칸 옆의 수가 모두 24이다. 수는 24로 같지만 세 개 다 다른 계산을 통해서 나온 것이다. 각각의 24가 어떤 계산을 통해 나왔는지 정확히 알아야 나눗셈에 대해 정확하게 이해한 것이다.

첫 번째 24가 의미하는 것은 무엇일까? 어떤 계산을 해서 나온 걸까? **26 안에 12가 몇 번 들어가냐는 계산이 먼저일 것이다.** 264 안에는 12가 20번 들어간다. 결국 여기서의 24는 12×20=240이었다. 그렇다면 다음 계산은 어떻게 해줄까? 264-240이다. 그래서 두 번째 24는 ㉡이다. 마지막 24는 첫 번째와 마찬가지로 계산하면 되지만 자릿수를 조심해야 한다. 마지막의 24는 ㉠으로 12×2다.

기계적으로 외우기만 한 아이들은 이런 유형의 문제를 굉장히 어려워하고 잘 못한다. 앞으로 계산이 점점 복잡해지기 때문에 왜 이런 식이 나왔는지를 전부 이해하고 넘어가야 한다. 단순 반복만 한 학생들은 이 문제 또한 다른 유형이라고 생각하고 외워야만 한다. 같은 개념과 내용을 여러 번 공부하지 말고 한 번 할 때 제대로 이해해서 효율적인 공부를 했으면 한다.

문제 5 초등학교 4학년 1학기 곱셈과 나눗셈

> 효진이네 학교 4학년 학생은 192명입니다. 한 반의 학생 수가 32명이면 4학년은 모두 몇 반일까요?

아주 간단한 문제인데, 이런 문제를 못 푸는 아이들은 글로 되어 있는 문제를 식으로 바꾸는 연습이 충분히 되어 있지 않은 아이들이다. 대체로 학습지 위주의 공부를 한 경우가 많다. 그리고 뭔지는 잘 모르겠지만, 곱셈과 나눗셈 단원의 문제니까 곱셈이나 나눗셈 중에서 찍는다. 그렇기 때문에 어떨 때는 맞고 어떨 때는 틀린다. 하지만 이 문제는 사실 원리만 알면 간단한 문제이며, 사실 국어문제에 더 가깝다.

한 반 한 반의 학생 수를 다 모으면 전체 학생 수가 된다. 이런 문제를 풀 때 기계적으로 외워서 바로 나눗셈식을 세워서 풀지만, 사실은 곱셈식을 세울 수 있어야 한다. "한 반 학생 수×반의 수=전체 학생 수"라는 식을 세울 수 있어야 한다. 그러고 나서 그것을 나눗셈식으로 바꿔야 한다. 즉, $32\times\square=192$라는 식을 세울 수 있는지 보고, 이것을 나눗셈으로도 바꿀 수 있는지 확인해 보는 것이 중요하다. 생각보다 곱셈식을 나눗셈식으로 바꾸는 것을 못하는 학생들이 정말 많다. 그렇기 때문에 간단한 방법으로 설명할 수 있도록 도와주는 것이 중요하다.

곱셈구구에서 나왔던 간단한 식을 이용해서 이 문제도 같은 원리라는 것을 이해시켜야 한다. 예를 들면 $4\times\square=8$이라는 식에서 □가 얼마인지 구하라고 하면 아이들은 2라는 것을 안다. 하지만 왜 2냐고 물어보면 식을 못 세운다. 사실은 □를 구하려면 □는 $8\div4$라고 설명할 수 있어야 한다.

이것처럼 $32\times\square=192$라는 식에서 □를 구할 때는 192를 32로 나누어주어야 한다는 것을 설명할 수 있게끔 해주어야 한다. 그냥 이런 식은 나누어야 한다고 주입식으로 배워버리면 말 한마디 달라질 때마다 새로운 식을 외워야 한다. 중학교 때까지는 이런 교육 방법이 통하겠지만, 고등학교 올라가는 순간 양이 너무 많아 수포자가 되는 것이다. 실제로 중고등학교 때에도 제대로 된 식을 세우지 못해서 응용문제를 틀리는 경우가 정말 많다. 우리 아이에게는 이런 일이 없도록 해야 한다.

문제 6 초등학교 4학년 2학기 소수의 덧셈과 뺄셈

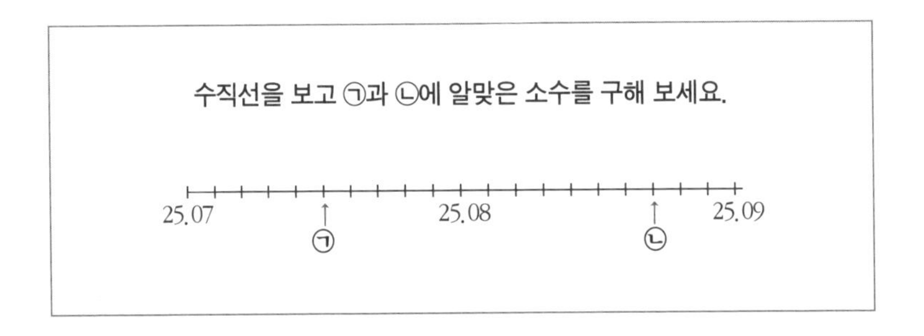

이 수직선 문제 역시 원리만 이해하면 어떤 문제들보다 쉽지만, 제대로 이해하지 못하면 맞힐 때도 있고, 틀릴 때도 있다. 우선 이 문제의 경우는 표시되어 있는 25.07과 25.08의 차이를 먼저 알아야 한다. 이 차이를 구하는 문제는 소수의 뺄셈을 이용해도 되고, 소수점 아래 두 번째 자리가 1만큼 차이가 나기 때문에 0.01 차이가 난다고 생각해도 좋다. 그리고 25.07과 25.08 사이에 눈금이 몇 칸인지 세 보아야 한다. 다행히도 이번에는 딱 10칸이다. 그럼 한 칸에 얼마인지 아이에게 물어봐야 한다. 이 문제에서 한 칸이 얼마인지, 왜 그런지 말이다. 0.01을 열 개로 나누면 얼마인지 이해하고 있다면, 이 질문에 설명할 수 있을 것이다. 하지만 이해하고 있지 못하다면 질문에 대답하지 못할 것이다. 그럴 때는 어떻게 해야 할까? 당연히 그 부분의 개념을 다시 공부하고 설명할 수 있도록 해야 한다.

만약 이 질문의 답이 0.001이라는 것을 설명했다면? 그 뒤에는 ㉠에 해당하는 수가 얼마인지를 물어봐야 한다. 이때도 그냥 답을 말하는 아이가 있을 거고, 0.001이 한 칸인데, 다섯 칸이 있으니까 0.005가 되고, 25.07에서 오른쪽으로 다섯 칸 갔기 때문에 25.075가 된다고 설명하는 아이도 있을 것이다. 그냥 답을 말하는 아이와 설명할 줄 아는 아이는 당연히 앞으로 차이가 날 수밖에 없다.

같은 방법으로 ㉡에 해당하는 수도 얼마인지 맞힐 수 있다. 만약 아이가 ㉠의 답을 틀렸다면, 간단하게 공부를 한 후에 ㉡을 직접 풀어보도록 하는 것도 좋다. 여기서 문제 설명을 끝내면 안 된다. 한 가지 더 물어봐야 한다. 아이들은 왼쪽에서 오른쪽으로 세는 건 익숙하기 때문에 비교적 잘하지만 오른쪽에서 왼쪽으로 세는 것은 잘 못한다. 그렇기 때문에 이 부분도 연습을 시켜야 한다. ㉡은 25.08보다 25.09에 더 가깝다. 따라서 이 문제를 더 빨리 풀려면 오른쪽부터 세는 방법도 알고 있어야 한다. 이 방법을 알고 설명할 수 있어야 이런 유형의 변형 문제도 다 풀 수 있다.

문제 7 초등학교 4학년 2학기 소수의 덧셈과 뺄셈

> 은지의 키는 138.5cm이고, 인규의 키는 은지의 키보다 3.09cm 큽니다.
> 은지와 인규의 키의 합은 몇 cm일까요?

6번 문제와 같은 단원이지만 분모가 같은 분수의 덧셈이 더 쉽기 때문에 먼저 배우게 된다. 앞부분에서 제대로 공부했다면 이 문제를 풀 때에도 식은 금방 세울 수 있다. 하지만 의외로 3.09를 더해야 할지 빼야 할지 헷갈려 하는 학생들이 정말 많다. 이런 현상도 제대로 식을 세우지 못해서 생기는 것이다.

우선 문제를 읽고 인규의 키가 더 큰지, 은지의 키가 더 큰지 물어보고 스스로 생각하게 해야 한다. 문제를 분석할 때는 주어와 서술어가 어떻게 되는지 봐야 한다. 중간부터 보면 인규의 키는 은지의 키보다 3.09만큼 크다. 이 부분만 가지고 인규와 은지 키의 관계식을 세우게 해야 한다. 인규의 키가 더 크기 때문에 결론은 "인규의 키=은지의 키+3.09"가 된다. 이때에도 자릿수가 다른 소수의 덧셈과 뺄셈이 안되는 학생들이 꽤 있다. 이 부분에서 우리 아이가 제대로 소수점 자리를 찍어주는지, 설명하면서 계산해 보라고 하면 더 좋다.

그런데 이 문제는 여기서 끝이 아니다. 이 문제는 인규의 키를 구해서 문제에 나와 있던 은지의 키와 더해주면 해결된다. 여기서 마지막 은지와 인규의 키를 더해주지 않은 실수를 자주 한다면 문제만 많이 풀어본 학생일 가능성이 높다. 기존에 풀었던 문제와 비슷하다고 생각해서 이 문제도 제대로 보지 않고 똑같은 방법으로 푸는 것이다. 실수를 자주 하는 것은 습관이 굳어져 있다는 것이고, 이런 아이들에게는 직접 물어보면서 설명시키는 방법이 당연히 제일 좋다. 반대로 아이는 아는 건데 왜 자꾸 설명시키냐고 하기 싫어할 수도 있으므로 잘 조율해서 시키면 좋다.

그리고 이런 문제의 경우에도 변형해서 물어보면 정말 좋다. 문제의 중간에 인규와 은지라는 단어를 바꿔주면 문제가 바뀐다. 이때 식을 제대로 세울 수 있는지 확인해 주어야 한다. 원래 문제에서의 식은 "인규의 키=은지의 키+3.09"였지만, 문제가 바뀌게 되면 반대가 된다. "은지의 키=인규의 키+3.09"가 된다. 하지만 우리가 궁금한 건 인규의 키다. 이 상황에서 인규의 키를 구하는 식을 세울 수 있는지 확인해봐야 한다. "인규의 키=은지의 키-3.09"가 된다.

대부분의 아이들이 자릿수가 다른 소수의 덧셈은 어느 정도 하는데, 자릿수가 다른 소수의 뺄셈은 어려워한다. 특히 빼는 수의 소수점 자리가 더 큰 경우에 정말 어려워한다. 이처럼 평범한 한 문제에서도 물어볼 것들이 정말 많다. 그리고 한 문제를 풀 때 한 가지 개념만 이용해서 푸는 것이 아니다. 초등학교 4학년 문제도 이렇게 물어봐야 할 것들이 많고, 알아야 하는 개념이 여러 가지인데, 중학교 고등학교 내용은 수십 가지의 개념을 알아야 풀 수 있는 것들도 많다. 미래를 위해서 지금 귀찮아도 제대로 공부시킬 수 있었으면 좋겠다.

문제 8 초등학교 4학년 2학기 소수의 덧셈과 뺄셈

> 유진이네 집에서 할머니 댁까지의 거리는 13.6km입니다.
> 유진이가 할머니 댁에 가는데 6.78km는 버스를 타고 가고
> 6.59km는 지하철을 타고 간 후 남은 거리는 걸어서 갔습니다.
> 유진이가 걸은 거리는 몇 km일까요?

이번 문제도 우선 식을 잘 세워야 한다. 복잡한 숫자가 3개나 나오는데, 아이들은 이런 문제가 나오면 식을 세울 생각보다는 본능적으로 더하기 빼기를 해 보려고 한다. 소수의 덧셈과 뺄셈 단원이니까. 하지만 이번 문제 역시 식을 제대로 세울 수 있는지 확인해 주어야 한다. 이런 문제는 눈금 없는 수직선이나 그림을 스스로 그리면서 설명할 수 있도록 도와주는 것도 좋다.

먼저 전체 거리가 13.6이라는 것을 알 수 있다. 이 부분을 제대로 그리는지 확인하고, 그 중간에 버스를 타고 간 거리가 어느 정도인지와 버스를 타고 간 거리도 표시해야 한다. 그런데 생각보다 비율을 잘 못 맞히는 아이들이 많다. 이런 경우 소수의 대소 비교를 빠르게 하는 방법에 대해 조금 더 연습하면 좋다. 소수의 대소 비교가 정확하게 이해되었다면 적당한 비율도 설정해서 그림을 그릴 수 있게 된다. 그림을 통해 굉장히 짧은 거리를 걸었다는 것을 알게 된다. 이런 부분은 조금 더 길게 표시해서 시각적으로 잘 보이도록 해도 된다.

그리고 수를 넣지 않은 상태에서 식을 세워보라고 하는 것도 좋다. 유

진이가 걸은 거리는 할머니 댁까지의 거리에서 버스를 탄 거리와 지하철을 타고 간 거리를 빼는 표현이라는 것을 알 수 있도록 말이다. 결국 수직선에 나타낸 것을 보면 전체 길이 13.6에서 버스를 타고 간 거리 6.78을 빼고, 지하철을 타고 간 거리 6.59를 빼고 남은 거리가 걸은 거리가 된다. 식을 세우고부터는 연산의 영역이기 때문에 부족한 부분이 있다면 해당 부분을 복습시켜주면 된다.

문제 9 초등학교 5학년 1학기 분수의 덧셈

> 어떤 수에서 $2\frac{3}{14}$을 빼야 할 것을 잘못하여 더했더니 $4\frac{7}{8}$이 되었습니다.
> 바르게 계산하면 얼마일까요?

분수의 덧셈 단원은 초등 때 처음으로 수포자가 가장 많이 나오는 단원이기도 하다. 중학교 1학년 일차방정식 단원에서도 분수의 덧셈 뺄셈 계산이 안 돼서 어려워하는 학생들이 정말 많다. 그리고 이번 문제는 응용 문제 중에서도 많은 학생들이 싫어하는 바르게 계산하기 문제이다. 앞서 말했듯이 대부분의 아이들이 이 유형의 문제를 풀 때 제대로 된 식을 세우지 않는다.

이 문제를 설명시킬 때도 가장 먼저 물어보아야 할 게 어떤 수에서 $2\frac{3}{14}$을 빼야 할 것을 잘못해서 더했더니 $4\frac{7}{8}$이 되었다는 식을 먼저 세워보게 해야 한다. 그 전에 하나 질문하면 더 좋은 것은 "결론은 어떤 수에서 $2\frac{3}{14}$을 더한 거니 뺀 거니?" 하는 것이다. 문제의 뜻을 이해하고 있는지 확인할 수 있는 질문이다.

식을 세울 때 어떤 값을 □로 둬야 할지도 물어보는 게 좋다. 중학교 1학년 때 배우는 일차방정식에서 엑스 값을 정할 때 똑같은 내용이 이용되기 때문이다. 여기서는 어떤 수를 □로 놓아야 한다. 그리고 식을 세워보면 $\square + 2\frac{3}{14} = 4\frac{7}{8}$ 이 된다.

그러고 나서 아이에게 또 물어보면 좋은 것이 있다. 식을 기계적으로 세워놓고 본인이 무슨 식을 세웠는지도 모르는 아이들이 꽤 있다. 방금 쓴 식이 어떤 의미인지 다시 물어보는 것도 좋다. 그리고 바르게 계산한 식도 구하게 하는 것이 좋다.

이런 문제를 공식 외우듯이 푸는 아이들이 꽤 많다. 예를 들면 빼야 할 것을 더했으니 반대 계산을 두 번 해준다고 말이다. 이런 아이들은 보통 이렇게 말한다. "$4\frac{7}{8}$에서 $2\frac{3}{14}$을 한 번 빼주면 어떤 수가 되고, 두 번 빼주면 바르게 계산한 식이 돼요." 그나마 이런 학생은 좀 나은 편이다. 그냥 생각 없이 외우는 아이들은 이런 문제를 풀 때 뭘 구하는지도 모르고 $4\frac{7}{8}$에서 $2\frac{3}{14}$을 두 번 빼주면 된다고 말한다. 우리 아이가 중간 과정 없이 결론만 말하는 아이라면 꼭 중간 과정을 물어보아야 한다.

문제 10 초등학교 5학년 1학기 분수의 덧셈

> 쌀이 가득 들어 있는 그릇의 무게를 재었더니 $3\frac{1}{4}$kg 이었습니다.
>
> 밥을 짓는 데 $\frac{1}{2}$만큼만 덜어서 사용하고 무게를 재었더니
>
> $2\frac{2}{9}$kg 이었습니다. 그릇만의 무게는 몇 kg일까요?

이 문제는 아이들이 가장 어려워하는 유형 중 하나이다. 문제 길이가 길어 풀기 싫어 하는 아이들이 많다. 일단 이런 복잡한 문제는 말 자체를 이해했는지 먼저 물어봐 주는 것이 좋다. 대부분의 아이들은 뭘 구하라고 하는지, 어떻게 풀어야 하는지 잘 떠올리지 못한다. 그래서 내 경우에는 문제에서 구하라고 하는 것이 무엇인지 다시 한번 물어본다. 대부분의 진짜 질문은 마지막에 나와 있는 경우가 많지만, 앞에서부터 글을 읽는 아이들은 끝까지 읽지도 않는다. 우리 아이도 그럴 수 있으니 한번 물어보고 시작하는 것이 좋다. 한 번에 설명하지 못하는 경우에는 한 문장씩 끊어서 설명하도록 하는 것도 좋다.

예를 들면 쌀이 가득 들어있는 그릇의 무게를 재었다는 것이 무슨 뜻인지부터 설명시켜 본다. 이 말은 쌀과 그릇의 무게를 더하라는 뜻이다. 이 부분이 이해되었다면 첫 문장의 식을 세울 수 있다. 전체 쌀+그릇의 무게=$3\frac{1}{4}$이라는 뜻이다. 다음으로 두 번째 문장의 앞부분인 밥을 짓는 데 $\frac{1}{2}$만큼 덜어서 사용했다는 것의 의미와 식을 알아야 한다. 이

부분을 아이들이 많이 어려워하는데, 쌀의 $\frac{1}{2}$을 덜어냈다는 것이 얼마큼인지 식을 세울 수 없기 때문이다. 대부분 이 경우 감으로 풀거나 외운 대로 한다.

풀이 방법을 한 가지만 알고 풀면 안 된다고 하는 이유가 이 문제에서도 보인다. 여태까지 우리가 했던 단순 덧셈 뺄셈으로 잘 안 풀리기 때문이다. 하지만 역으로 생각해보면 어렵지 않다. $\frac{1}{2}$만큼을 덜었으니 덜어낸 만큼 쌀이 가득 들어 있는 그릇의 무게가 가벼워졌을 것이다. 즉, 전체 무게에서 덜어낸 후의 무게를 빼준다면 밥 짓는 데 사용한 쌀의 무게를 구할 수 있다. 이 문제 또한 문장을 끊어서 질문하는 것이 좋다. 밥을 짓는 데 $\frac{1}{2}$만큼 덜어서 사용했다는 게 무슨 말인지 물어보는 것이다. 이제 $3\frac{1}{4}$에서 $2\frac{2}{9}$를 빼서 쌀의 절반의 무게를 알게 됐다.

그럼 이제 어떻게 그릇의 무게를 구하는지 물어봐야 한다. 이때도 이해하지 못하는 학생들이 많다. $\frac{1}{2}$을 간단하게 절반이라고 생각해보면, 쌀의 절반 무게는 구했고, 남은 쌀과 그릇의 무게는 사실 절반의 쌀과 그릇의 무게와 같은 것이다. 그릇만의 무게를 구하려면 절반의 쌀과 그릇을 합친 값에서 절반의 쌀 무게를 다시 빼주면 된다. 이런 과정들을 아이가 직접 설명할 수 있다면 정말 이해한 것이고, 만약 설명하지 못한 부분이 있다면 제대로 알고 넘어갈 수 있도록 도와주고, 설명할 수 있도록 질문을 잘 해주어야 한다. 이렇게 확인하고 넘어가지 않으면, 많은 아이들은 또다시 패턴을 외워서 문제를 풀게 된다.

이 문제의 경우 패턴을 외워서 푼 아이들은 이유 설명 없이 $3\frac{1}{4}$에서

$2\frac{2}{9}$를 빼주고 이 값을 $2\frac{2}{9}$에서 다시 빼준다고만 말한다. 같은 말을 하더라도 알고 푸는 것인지, 외운 것인지 파악하는 것이 중요하다. 이런 문제를 풀 때는 답이 맞는지는 중요하지 않다. 과정을 제대로 이해하고 설명하는지만 확인하면 된다. 제대로 알고 풀었다면 실수한 부분에 대해서는 너무 크게 신경 쓰지 않아도 된다. 실수를 줄이는 방법은 따로 연습시켜 주면 된다. 한 문제에서도 알아야 될 내용이 많고, 질문할 내용도 많다는 걸 아셨으면 한다. 그래서 앞으로도 질문하는 방법을 잘 익혀서 아이 스스로 공부할 수 있도록 도움을 줄 수 있는 엄마가 되셨으면 좋겠다.

문제 11 초등학교 5학년 2학기 분수의 곱셈

> 선화는 180쪽짜리 책을 첫째 날은 전체의 $\frac{1}{9}$을 읽고, 둘째 날은 첫째 날 읽은 쪽수의 $1\frac{3}{5}$배를 읽었습니다. 둘째 날은 몇 쪽을 읽었을까요?

이런 유형의 문제를 풀다 보면 아이들은 180쪽과 전체의 $\frac{1}{9}$을 생각보다 구분하지 못한다. 그냥 이런 문제가 나오면 생각 없이 단원에 따라 더하든 곱하든 했기 때문이다. 하지만 스스로 덧셈 문제인지 곱셈 문제인지 구분하지 못한다면 결국 나중에는 감으로 풀기 때문에 정답을 맞힐 때도 있고 틀릴 때도 있다. 일단 찍고 나서 틀리면 실수였다고 하거나 착각했다고 하는 아이들이 많을 것이다. 진짜 실수일 가능성도 있겠지만, 직접 물어봐주면서 확인하고 아이가 어느 부분이 막히는지 파악해주고 다시 공부할 수 있도록 도와주는 것도 엄마의 역할이다.

먼저 문제에서 묻는 것부터 파악해야 한다. 마지막 줄을 보면 둘째 날은 몇 쪽을 읽었는지를 물어보는 문제이다. 이것을 파악했으면 이제 첫 줄부터 문제를 분석해봐야 한다.

첫째 날에 180쪽 책을 전체의 $\frac{1}{9}$ 만큼 읽었다. 간단히 말하면 180의 $\frac{1}{9}$ 이다. 우선 $\frac{1}{9}$ 의 의미를 아는지 물어보는 것이 좋다. $\frac{1}{9}$ 은 9개로 나눈 것 중 1개이다. 180÷9=20이 된다. 20쪽이 한 묶음이니까 첫째 날 읽은 쪽수는 20쪽이 된다.

다음 두 번째 줄을 분석해보자. 둘째 날은 첫날의 $1\frac{3}{5}$ 배 읽었다. 이것을 식으로 세울 수 있는지 물어보아야 한다. 식으로 표현하면 둘째 날은 "첫째 날 $\times 1\frac{3}{5}$ "이 된다. 이런 식으로 한 줄 한 줄 식을 세우고 분석할 수 있게끔 도와준다면 아이도 조금씩 할 수 있게 된다. 결국 둘째 날은 $20 \times 1\frac{3}{5}$ 이 되고, 이 곱하기 과정은 개념 때 배운 대로 풀 수 있는지 확인해 보면 된다. 자연수 곱하기 대분수를 계산할 때는 대분수를 가분수로 고친 후 $20\times\frac{8}{5}$ 로 계산하면 된다. 연산 과정은 충분히 확인할 수 있을 것이다.

아이들에게는 어렵게 느껴지는 문제이지만 사실은 굉장히 간단한 식의 문제였다. 이 문제를 조금 더 응용한다면 "이틀 합해서 몇 쪽을 읽었을까?", "남은 쪽수는 몇 쪽일까?", "남은 쪽수는 둘째 날 읽은 쪽수의 몇 배일까?"처럼 다양한 문제를 만들 수 있다. 아이들이 이 문제들이 모두 다른 문제라고 생각하지 않도록, 문제를 분석하고 스스로 풀 수 있는 힘을 길러주어야 한다. 만약 문제 유형만 외운다면 방금 추가한 세 가지 응용 질문이 같은 문제임에도 서로 다른 유형이라 생각해서 따로따로 외워버리게 된다. 이것이 수포자를 만드는 것이기 때문에 그렇게 되지 않도록 해야 한다.

문제 12 초등학교 5학년 1학기 분수의 덧셈과 2학기 분수의 곱셈 혼합

> 선호는 시집을 어제 전체의 $\frac{4}{15}$를 읽고, 오늘은 전체의 $\frac{1}{5}$을 읽었습니다. 시집 전체가 90쪽일 때 남은 쪽수는 몇 쪽인지 구해 보세요.

문제는 어렵지 않기 때문에 개념에 대해 제대로 이해하고 있는지 확인하기에 좋은 문제이다. 문제를 파악해 보면 분수가 여러 개 있고, 전체 쪽수가 나오고 남은 쪽수를 구하라고 되어 있다. 앞으로는 이런 문제들이 많이 나올 것이다. 이런 유형 문제의 원리만 제대로 이해하고 있다면 정말 쉬운 문제이다.

우선 이 문제 역시 무엇을 묻는 문제인지 파악해야 한다. 맨 뒤에 나온 걸 보면 남은 쪽수를 구하는 문제이다. 그러려면 먼저 읽은 쪽수를 알아야 한다. 참 신기한 게 시집 전체가 90쪽이라는 말이 문제 뒤에 나와 있는데, 문제의 맨 앞쪽에 써 있을 때 정답률이 훨씬 높아진다. 얼마나 주입식으로 공부해왔는지를 잘 알려주는 상황이다. 단순히 문제 패턴을 암기한 학생들은 전체 쪽수가 먼저 나오지 않으면 식을 세우지 못한다. 이 부분을 예상하면서 어제 읽은 쪽수를 구하는 식을 세울 수 있는지부터 파악해야 한다.

제대로 된 식은 $90 \times \frac{4}{15}$ 이며, 어제는 24쪽을 읽은 것이다. 같은 방법으로 오늘은 얼마큼 읽었을까? 90쪽 중 $\frac{1}{5}$ 을 읽었으니 $90 \times \frac{1}{5}$ 이다. 18쪽 읽은 것이다. 어제와 오늘 합해서 24+18은 42쪽을 읽었다. 문제를 제대로 읽지 않은 아이들은 답을 42라고 쓸 것이다. 이 부분도 끝까지 집중해서 남은 쪽수를 구하도록 물어봐줘야 한다. 답은 90-42를 계산해서 48쪽이 된다.

문제 자체는 그리 어렵지 않은 수준이다. 이 문제도 수많은 변형이 가능한데, 질문만 바꿔도 다 다른 문제가 된다. 예를 들면 "어제는 오늘의 몇 배 읽었나요?", "오늘은 어제의 몇 배를 읽었나요?", "남은 쪽수는 전체의 몇 분의 몇인가요?", "남은 쪽수를 6일 만에 다 읽으려면 하루에 몇 쪽씩 읽어야 할까요?" 이처럼 다양한 문제를 만들어낼 수 있다. 숫자도 다르지 않고 질문만 바뀌는데 이게 다른 문제가 될까요? 학년이 올라갈수록 이런 변형 문제는 많아지고, 점점 외워서 커버하기 힘들어진다. 따라서 효율적으로 스스로 공부하는 능력을 길러주어야 한다.

문제 13 초등학교 5학년 2학기 소수의 곱셈

> **어떤 자동차가 1km를 가는데 0.09ℓ의 휘발유가 필요합니다.**
> **이 자동차가 일정한 빠르기로 한 시간에 75km를 갈 때, 2시간 30분 동안 가려면 휘발유가 몇 ℓ가 필요한지 구해 보세요.**

이번 문제도 아이들이 정말 어려워하는 문제이다. 중학교에서 배우는 정비례와 반비례, 함수의 기초가 되는 문제이기도 하다. 앞에서는 분수 문제가 나왔었는데 소수 문제라고 해서 푸는 방법이 다를까요? 식을 세우는 방법이나 원리는 똑같지만 주어진 수가 소수로 나왔을 뿐이다. 이 수가 자연수로 나왔다면 초등학교 3, 4학년 문제가 된다.

이런 문제를 풀 때 아이들이 생각보다 단위를 잘 모른다. 이 문제에서는 단위가 km, ℓ, 시간 이렇게 세 가지이다. 아이들은 여러 개의 단위가 섞여 있는 것만으로도 문제를 풀 의지를 잃어버린다. 하지만 이런 문제도 원리를 안다면 어렵지 않다. 이 문제 역시 마지막을 봐야 한다. 뭘 구하는 걸까? 휘발유가 몇 ℓ 필요한지 구하는 문제이다. 아이에게 뭘 구하는 문제인지 먼저 물어보고 시작해야 한다. 그 후 기준을 세워야 한다.

이 문제는 최종적으로 휘발유의 양을 구하는 문제이니 이동 거리가 얼마인지부터 파악해야 한다. 여기서 또 막히는 부분이 있다. 2시간 30분을 시간으로 바꿔야 하는데 시간을 분수, 소수로 바꾸는 게 안 되는 학생들이 대부분이다. 30분을 시간으로 바꾸려면 나누기 60을 해줘야 한다. 물론 곱하기 $\frac{1}{60}$과 같은 말이다. 분을 시간으로 바꿀 수 있는지 물어봐서 확인해야 한다. 30분은 $\frac{30}{60}$시간이고 약분하면 $\frac{1}{2}$시간이다.

그다음은 분수를 소수로 바꾸는 연습을 해야 한다. 앞에서 이미 분모를 10, 100, 1000으로 만들어서 소수로 바꾸는 방법을 배웠을 것이다. 30분은 0.5시간이기 때문에 2시간 30분은 2.5시간이다. 이 원리를 모르는 아이들은 2시간 30분을 2.3이라고 바꾸는 경우가 정말 너무 많다. 꼭 설명시켜 보고 넘어가야 한다.

그다음은 뭘 알아야 할까? 그냥 75km가 아니라 1시간에 75km라는 말이 중요하다. 2.5시간에 얼마큼 갔는지 구하는 식을 설명할 수 있어야 한다. 당연히 물어보아야 한다. 나중에 거리 속력 시간 문제에서 응용문제가 많은데 이런 유형의 기초가 되는 것이기 때문에 반드시 설명시키고 넘어가야 한다. 한 시간에 75km 움직이니 2.5시간에는 75×2.5km만큼 갔을 것이다. 1km 가는 데 0.09ℓ의 기름이 들어가기 때문에 187.5km를 가는 데는 0.09×187.5ℓ만큼의 기름이 필요하다. 이 부분은 초등학교 6학년에 나오는 비례식이나, 중학교 1학년에 나오는 정비례 관계식 문제와도 연결된다. 어차피 앞으로 나오는 것이니 한 번에 이해시키고 넘어가야 한다.

이 문제도 변형이 많이 가능한 문제이다. 예를 들면, 0.09ℓ와 1km의 자리만 바꿔도 아이들이 더 어려운 문제로 인식하게 된다. 조금 더 어렵게 내려면 한 번 더 꼬아서 기름 1ℓ당 1,500원이라는 조건을 하나 더 주고 기름값이 얼마가 들어가는지 물어볼 수도 있다. 같은 문제로 변형시키는 것은 얼마든지 가능하다.

우리 아이가 한 문제를 풀더라도 어떻게 푸느냐에 따라 정말 많은 것들이 달라진다. 문제가 길고 복잡하다고 겁먹을 필요 없다. 앞에서 배웠던 문제와 같은 유형인데, 단원에 따라 자연수냐, 분수냐, 소수냐만 달라지는 것이다. 각각이 다른 문제라고 생각하지 말고, 연결되는 것이니 한 번에 제대로 하자는 마음가짐으로 아이 공부를 시킨다면 반드시 큰 효과가 있을 것이다. 아이가 스스로 공부하는 날까지 힘들어도 같이 노력을 많이 해 보았으면 좋겠다.

문제 14 초등학교 6학년 2학기 분수의 나눗셈

> 들이가 9ℓ인 물통에 물이 $4\frac{1}{2}$ℓ 들어 있습니다. 이 물통에 물을 가득 채우려면, 들이가 $\frac{5}{8}$ℓ 인 그릇으로 물을 적어도 몇 번 부어야 할까요?

앞에서부터 쭉 봐 온 분들은 알겠지만, 3학년 때부터 빠지지 않고 학년마다 분수 관련 단원이 나온다. 문제 유형은 비슷하지만, 계산이 복잡한 문제가 얼마나 있냐, 덧셈 뺄셈이냐, 곱셈이냐 나눗셈이냐에 따라 학년이 나뉘는 걸 알 수 있다.

이 문제 역시 뭘 구해야 하는지부터 봐야 한다. 마지막 줄을 보면 물을 적어도 몇 번 부어야 하는지 구하라고 나와 있다. 그렇다면 답은 몇 번 이렇게 나와야 한다. 그런데 생각보다 답의 단위를 틀리는 아이들이 많은데, 단위의 중요성까지 강조해주면 좋다.

이제 첫 번째 줄로 다시 가 보자. 9ℓ인 물통에 물이 $4\frac{1}{2}$ℓ가 들어 있다. 이 문장을 보고 아이에게 질문해보자. "물은 얼마큼 들어 있는 거니?" 첫 줄만 읽고 물이 9ℓ 들어 있다고 생각하는 아이들이 꽤 있다. 통의 크기가 9ℓ이고 물은 $4\frac{1}{2}$만큼 있다.

다음 줄에 "물통에 물을 가득 채우려면"이라고 써 있는데, 이 말은 뭘까? 맨 처음 비어 있던 만큼을 더 넣는다는 것이다. 이번에도 아이에게 물어봐야 한다. "가득 채우기 위해 필요한 물의 양을 어떻게 구할까? 식을 세워볼래?" 이런 식으로 물어보자. 많은 아이들은 문제에 나와 있는 9ℓ, $4\frac{1}{2}\ell$, $\frac{5}{8}\ell$ 중에 열심히 조합해서 문제를 풀 것이다. 하지만 이렇게 풀면 안 된다. 그림 그리듯이 설명을 해 봐야 한다. 아이가 다음과 같이 설명할 수 있으면 된다.

"9ℓ의 통에 $4\frac{1}{2}$만큼의 물이 들어 있었으니까, 더 채울 수 있는 양은 물이 들어 있지 않은 부분만큼이에요. 통의 전체 양에서 물이 차 있는 만큼을 빼주면 돼요. 그래서 $9-4\frac{1}{2}$을 계산해 주면 나와요."

이 설명대로 계산하면 $4\frac{1}{2}$이 나온다. 이 양을 채우기 위해 $\frac{5}{8}\ell$인 그릇으로 몇 번이나 부어야 할까? 분수로 나오기 때문에 아이들은 한 번에 이해하기 힘들어한다. 이번 문제 역시 간단하게 만든 식으로 물어봐주면 좋다.

"10ℓ를 채워야 되는데 2ℓ인 그릇으로는 몇 번을 부어야 가득 찰까?"

"10ℓ를 채우려면 2ℓ 그릇으로 5번 푸면 돼요."

이때 다시 한번 질문해줘야 한다.

"방금 말한 내용을 식으로 표현해볼 수 있니?"

"$2\times\square=10$을 구해야 해요. □를 구하려면 $10\div2=5$라고 할 수 있어요."

이때도 많은 아이들은 그냥 5라고만 대답한다. 식을 세워보라고 하면 잘 못한다.

식을 자꾸 세워보라고 하는 이유는, 이 문제에서의 계산과 10ℓ를 채우기 위해 2ℓ 그릇으로 몇 번 부어야 하는지가 같은 원리의 계산이기 때문이다. 분수의 나눗셈이냐 자연수의 나눗셈이냐의 차이다. 똑같은 원리를 이용하지만 이 사소한 계산의 차이 때문에 초등학교 3학년 문제인지 6학년 문제인지가 결정된다.

자! 그렇다면, 원래 문제에서 식은 어떻게 세워야 할까? 먼저 곱셈식을 세우게 해야 한다.

"아까 했던 방법으로 똑같이 해 보면, $4\frac{1}{2}\ell$를 $\frac{5}{8}\ell$의 그릇으로 채우려면 $\frac{5}{8}\ell\times\square=4\frac{1}{2}\ell$가 돼요. □를 구하고 싶으면 $4\frac{1}{2}\div\frac{5}{8}$를 계산해 주면 돼요. 분수의 나눗셈 계산을 할 때 곱셈으로 바꾸면 좋은데, 나뉘는 수의 분모와 분자를 바꿔서 $4\frac{1}{2}\times\frac{8}{5}$을 계산하면 돼요."

원리원칙대로 설명 순서를 따라오게 되면, 이렇게 설명할 수 있다. 그리고 이렇게 푸는 방법은 초등학교 3학년 때부터 연습되어 있어야 한다. 3학년 때부터 제대로 연습하느냐 안 하느냐가 앞으로 10년의 공부 습관을 좌우한다.

문제 15 초등학교 6학년 2학기 소수의 나눗셈

> 어떤 수를 1.84로 나누었을 때 몫이 4, 나머지가 0.4였습니다. 어떤 수를 2.9로 나눈 몫을 반올림하여 소수 둘째 자리까지 나타내어 보세요.

이 문제는 초등학교 3학년 때 배웠던 검산식을 알고 있어야 쉽게 풀 수 있는 문제이다. 실제로 중학교나 고등학교 때도 초등학교 검산식을 제대로 공부하지 않아서 문제를 틀리는 경우가 정말 많다.

이번에도 무엇을 묻는지부터 살펴보면, 어떤 수를 2.9로 나눈 몫을 반올림해서 소수 둘째 자리까지 나타내 보라고 했다. 먼저 어떤 수를 구해야 하는지와 반올림에 대해서 알아야 한다. 그리고 소수 둘째 자리까지 반올림하는 방법도 알아야 풀 수 있다. 반올림에 대해서는 대부분의 아이들이 몇째 자리까지냐, 몇째 자리에서냐에 따라 문제가 달라지는 것을 모르고 있다. 국어 문제일 수도 있는데, 반올림해서 소수 둘째 자리까지 나타내라고 했으면 소수점 셋째 자리에서 반올림해서 최종 답이 소수점 둘째 자리로 만들어져야 한다. 반대로 소수 둘째 자리에서 반올림하라고 하면 답은 소수점 한 자릿수가 된다. 이 부분도 5학년 2학기 어림하기 단원에서 다 나오는 내용이다. 헷갈려 한다는 것을 알았으니 당연히 물어봐야 한다. 어떤 식으로 아이에게 질문시켜야 할까?

첫째 줄을 보고 식을 세울 수 있는지 먼저 봐야 한다. 어떤 수$\div$1.84는 몫이 4, 나머지가 0.4가 된다. 이걸 검산식으로 바꿀 수 있는지도 물어봐야 한다. 대답을 못한다면? 검산식에 대해 간단하게 복습할 수 있도록 해줘야 한다.

계속해서 말하지만, 엄마가 직접 설명해 주는 것이 아니다. 그렇게 하면 금방 한계에 부딪힌다. '3학년 2학기 내용에 맞게 계산했는지 확인하기'라는 부분이 있다. 우리가 알고 있는 검산식이다. 이 부분을 복습할 수 있도록 이야기해 주면 된다. 그런 후 제대로 공부했는지 확인해 봐야 한다.

다시 문제로 돌아와서 첫 줄에 쓰인 식을 내용에 맞게 계산했는지 확인하는 방법, 즉 검산식으로 바꿔보자. 어떤 수는 $1.84\times4+0.4$가 된다. 계산해보면 7.76이다. 이렇게 어떤 수를 구하고 나서 그 수÷2.9를 계산해주면 된다. 반올림하라는 것을 보면 딱 떨어지지는 않는 문제이다. 실제로 나눠보면 2.6758… 이렇게 나온다. 여기서도 제대로 반올림하는지 살펴봐야 한다. 아까 설명한 대로 소수점 둘째 자리까지 반올림해서 구하는 것은 소수 셋째 자리에서 반올림해야 한다. 답은 2.68이 된다. 정말 간단한 문제이지만 많은 개념들이 사용된다. 대부분 6학년 내용 때문에 못 푸는 게 아니라는 걸 반드시 명심했으면 좋겠다.

문제 16 초등학교 6학년 2학기 비례식과 비례배분

> 현수가 머랭을 만드는 데 설탕 0.6kg과 달걀 흰자 $\frac{1}{2}$개를 사용했습니다. 같은 비로 머랭을 만들 때 설탕을 1.8kg 사용했다면 달걀 흰자 몇 개를 사용했을까요?

앞의 문제와 거의 비슷하지만 소수가 나와 있고, 분수도 섞여 있어서 대부분의 아이들이 어려움을 느끼는 문제다. 비례식은 앞으로 고3 때까지도 계속해서 나오게 되는데, 이 부분에서 제대로 정리해두지 않으면 앞으로 나올 때마다 고생하게 된다. 실제로 많은 중고등학생들이 초등 때 배우는 비례식을 제대로 이해하지 못해서 문제를 틀리는 경우가 꽤 많다. 많은 아이들이 개념 이해 없이 암기만 했을 수도 있기 때문에 기본 개념에 대해 질문해 주는 것이 좋다.

비례식의 뜻부터 물어보자. 비율이 같은 두 비를 기호 '등호'를 사용하여 나타낸 식을 비례식이라고 부른다. 생각보다 비율과 비례식을 구분하지 못하는 아이들이 정말 많다. 너무나도 당연한 것이지만, 문제 풀이 위주로 공부했거나 암기했기 때문이다. 비례식의 뜻을 말할 때 비율이라는 용어를 사용했기 때문에 비율이 뭔지도 물어보면 좋다. 비와 비율은 6학년 1학기 때 배웠다. 2 대 3이라고 표현하는 것은 비를 표현한 것이다. 이것을 비율로 표현한 것은 $\frac{2}{3}$이다. 4 대 6을 비율로 표현해 보면 $\frac{4}{6}$가 된다. 약분하면 똑같이 $\frac{2}{3}$가 된다. 비례식이라는 것은 2:3=4:6과 같이 비율이 같은 두 비를 등호를 사용해 나타낸 것이다.

그리고 앞에서 배운 비를 표현하는 방법 중 소수인 경우와 분수인 경우에 어떻게 간단하게 만드는지도 물어봐야 한다. 간단히 말하면, 소수인 경우에는 전항과 후항에 10, 100, 1000 등을 곱해서 자연수로 만들어야 한다. 분수의 경우에는 분모의 최소공배수를 곱해준다. 그리고 나서 전항과 후항의 최대공약수로 나누어주면 간단한 자연수의 비가 나온다.

간단해보이는 이 한 문제를 풀기 위해 어마어마한 개념들이 나온다. 방금 아이에게 설명시켜 보라고 한 것들만 살펴봐도 초등에서 배웠던 정말 많은 내용이 나온다. 분수도 나왔고, 소수에 대해서도 나왔고, 최대공약수와 최소공배수에 대해서도 나왔다. 비와 비율에 대해서도 나왔고 비례식에 대한 내용이 최종적인 것이었다. 이런 과정들을 모른 상태에서 그냥 비례식에 대해 배우면 아이들은 내항의 곱은 외항의 곱이다. 이것밖에 생각이 안 난다. 이렇게 공부한 학생은 외운 내용 외에 다른 기본 내용을 물어보면 전부 틀린다. 그래서 단순히 이 문제의 풀이만 물어보는 것이 아니라 이 문제를 풀기 위해 필요한 개념들을 전부 설명시키고 넘어가야 하는 것이다. 아직 문제 풀이는 시작도 안 했는데 벌써 질문들이 수도 없이 나왔다.

이제 간단하게 원래 문제의 풀이를 살펴보자. 비례식에 대해 이해했고 설명을 잘했다면 아이에게 이 문제를 푸는 방법에 대해 물어봐도 된다. 개념에 대해서 안다고 가정했을 때, 우선 구하려고 하는 게 뭔지를 물어봐야 한다. 역시 문제 맨 마지막에 있는 "달걀 흰자를 몇 개 사용했을까요?" 이게 질문이다. 사용한 달걀 흰자의 개수가 □가 되어야 한다. 0.6 대 $\frac{1}{2}$ 은 1.8 대 □가 된다. 제대로 공부했다면 외항의 곱은 내항의 곱이라는 내용을 알고 있을 것이다. 이때에도 외항과 내항이 뭔지, 또 전항, 후항과의 차이점이 뭔지도 물어보는 것이 좋다. 이때 외항과 내항의 개념을 정확하게 알지 않으면 중학교 때 나오는 응용에서 헷갈릴 수 있다.

그럼, 이제 앞에서 말한 비례식을 단순하게 암기한 방법으로 풀어보자. 내항의 곱은 외항의 곱으로 식을 세워보면, $0.6\times\square=\frac{1}{2}\times1.8$이다. 아직 일차방정식을 배우기 전인 6학년 학생들은 □ 앞에 소수가 곱해져 있는 경우에 계산하기 까다로워한다. 그렇기 때문에 앞에서 배웠던 비와 비율 단원에서 간단한 자연수의 비로 나타내는 방법을 이용해 주면 좋다. 0.6 대 $\frac{1}{2}$이 어려워서 식을 풀기 어려웠던 것이니 간단한 자연수의 비로 나타내 보자.

먼저 소수와 분수 중 한 가지로 통일해야 한다. 이때도 분수로 바꿔서 간단히 만드는 방법, 소수로 바꿔서 간단히 만드는 방법을 다 물어보면 좋다. 여기서는 0.6을 분수로 바꿔준다. $\frac{3}{5}$ 대 $\frac{1}{2}$이 된다. 그러고 나서 분모의 최소공배수로 곱해준다. 2와 5의 최소공배수인 10을 전항과 후항에 곱해준다. 계산해보면 6 대 5가 된다. 결국 식을 다시 써보면, 6:5=1.8:□라는 식이 나온다. 아까처럼 외항의 곱은 내항의 곱의 식을 써보자. 6×□=5×1.8이 된다. 결국 6×□=9가 된다. □=9÷6이 된다. 앞에서 했던 식보다 훨씬 간단하다.

물론 이 방법으로만 풀라고 하는 것은 아니다. 중학생이 되면 간단한 자연수의 비로 나타내지 않고 바로 계산하는 것이 더 빠르다. 하지만 여러 가지 방법으로 풀 수 있어야 다양한 응용문제에 적용시킬 수 있다. 공부 잘하는 아이들은 다 이유가 있다. 우리 아이도 바로 그 공부 잘하는 아이가 될 수 있다.

이런 비법은 6학년에만 적용되는 것이 아니라 모든 학년에 적용된다. 초등 과정에서 배우는 모든 수학적 내용은 따로따로가 아니라 서로 연결되어 있다. 그리고 중등 고등 과정까지 전부 연결되어 있다. 이런 방법으로 중학교 고등학교 공부에 대한 질문법도 다 노하우가 있다.

지금까지 문제를 보면서 개념에 대해서 제대로 알고 있는지 설명시켜보고 질문해보는 노하우를 알아봤다. 하지만 문제만 설명한다고 끝이 아니다. 개념 내용이 진짜 중요하다는 것은 다들 알고 있을 것이다. 그래서 이제 개념에 대해 아이에게 물어보는 방법에 대해 하나씩 알려드릴 것이다.

개념의 설명과 질문 노하우

개념 1 초등학교 3학년 1학기 나눗셈

(1)곱셈식으로 나타내기

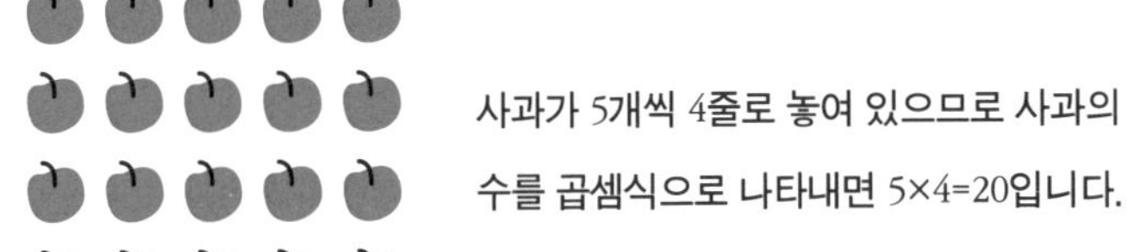

2학년 때 곱셈구구를 단순하게 암기하지 않고 이해했다면 큰 노력 없이 쉽게 이해하고 넘어갈 수 있는 부분이다. 사과 그림을 보고 대부분의 아이들은 단순 암기를 통해 외웠기 때문에 20개라는 것은 알 수 있다. 하지만 사과를 세는 방법은 정말 많다. 위에서부터 보면 5개씩 4줄이 될 것이고, 왼쪽에서부터 보면 4개씩 5줄이 된다.

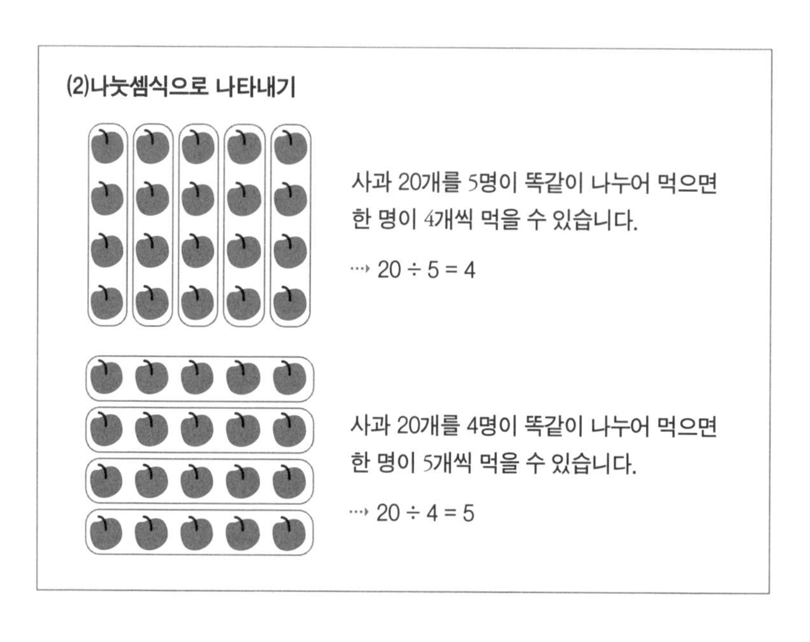

같은 내용을 학생들이 나누어 먹었다고 생각해보면, 위의 그림과 같이 5명에게 나누어주면 4개씩 먹은 것일 수도 있다. 반대로 아래 그림처럼 4명이 5개씩 나눠 먹은 것일 수도 있다.

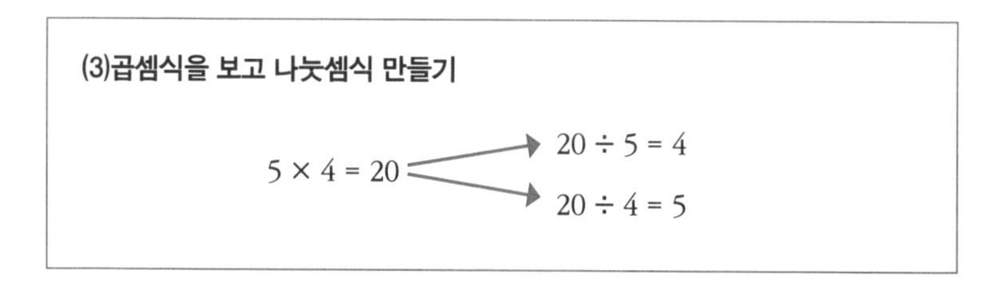

이 내용을 보고 5×4=20의 식을 나눗셈으로 바꿀 수 있다. 방금 했던 것처럼 나눠보면 20÷5=4, 20÷4=5와 같이 될 수 있다. 이 내용뿐만 아니라 여러 가지를 추가로 물어봐야 한다. 예를 들면, 2개씩 나눌 수도 있다. 그렇다면 10명이 먹을 수 있다는 것을 알게 된다. 20÷2=10이라는 것도 알 수 있다. 단순히 구구단을 외우기만 한 아이들은 20을 2로 나누는 것을 어려워한다. 똑같은 내용이지만 구구단에는 2×10은 없기 때문이다.

너무 당연한 것인데 이걸 따로 배우는 것 자체가 잘못된 공부 방법이다. 2학년 때 곱셈구구, 즉 구구단을 배울 때 2단의 원리를 알고 공부했다면, 2×10이 2×9보다 2만큼 크다는 것을 쉽게 알 수 있지만, 단순 암기만 한 아이들은 같은 원리라는 것을 모른다. 그리고 2학년 곱셈구구에서 배우는 내용 중에 2×□=8이라는 문제를 풀어본다. 여기서도 단순 암기가 아니라 원리에 대해 이해하고 있다면, 당연히 8÷2도 쉽게 이해할 수 있을 것이다.

이렇게 앞 단원과 연결해서 개념 설명을 하고, 이해하고 넘어가야 앞으로 나오는 내용도 연결해서 이해할 수 있다. 대부분 아이들과 엄마들이 실수하는 부분이기도 하다.

개념 2 초등학교 3학년 2학기 곱셈

(몇십몇) × (몇)과 (몇십몇) × (몇십)을 따로 구하여 더합니다.

예 39×23의 계산 - 올림이 여러 번 있는 경우

```
    2
    3 9           3 9           3 9
  × 2 3    →    × 2 3    →    × 2 3
  1 1 7         1 1 7         1 1 7 …… 39×3
                7 8 0         7 8 0 …… 39×20
                              8 9 7
```

이번 개념은 두 자릿수×두 자릿수이다. 곱셈구구에서 배웠던 내용은 한 자릿수×한 자릿수다. 3학년 1학기에 두 자릿수×한 자릿수를 배운다. 이때 배웠던 내용을 기본으로 두 자릿수×두 자릿수를 풀어야 한다. 두 자릿수×두 자릿수 전에 몇십몇×몇십을 계산하는 방법도 배운다. 이 두 내용을 모두 이해하고 있어야 두 자릿수×두자릿 수가 쉽게 이해된다.

예를 들면 맨 처음에 나오는 식은 39×3을 계산한 값을 써야 한다. 두 번째 식은 39×20을 계산해줘야 한다. 이때 39×2인지 39×20인지 정확하게 알고 넘어가는 것이 좋다. 그래야 두 번째 식 아래에 780을 자릿수 맞춰서 쓸 수 있다. 그런 후 더해줘야 한다. 각각의 방법을 제대로 이해하고 있으면 쉽게 풀 수 있다.

117과 780이 어떤 계산을 해서 나온 건지도 반드시 물어봐야 한다. 이런 부분을 제대로 이해하지 못하면, 두 자릿수×한 자릿수는 할 수 있지만, 한 자릿수×두 자릿수 계산은 어려워할 가능성이 높다. 똑같은 계산인데 17×6은 계산하지만 6×17은 어려워한다. 필요하다면 이런 부분도 확인해봐야 한다. 앞에서 아이가 몇십몇×몇십몇을 어려워한다면 대부분은 "이걸 왜 못해? 알려준 대로 하란 말이야!" 하고 화만 내는데, 반드시 어느 부분이 문제인지 확인하고 넘어가야 한다.

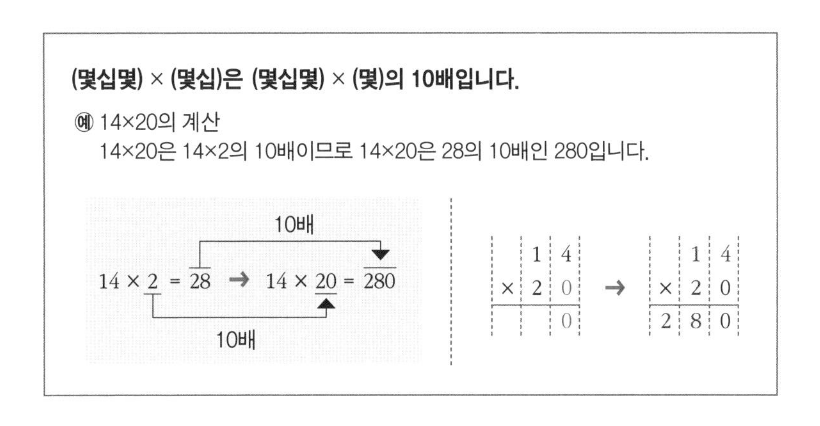

앞에서 배웠던 몇십몇×몇십은 제대로 알고 있는지 설명시켜봐야 한다. 이것을 어려워한다면 몇십몇×몇은 제대로 되는지 확인해야 한다. 그리고 이 둘의 관계도 제대로 설명할 수 있는지 질문해야 한다. 예를 들어 14×20을 계산하는데 14×2를 계산하고 그것의 10배를 해주면 된다는 것은 이해하고 있는지 확인하고 넘어가야 한다.

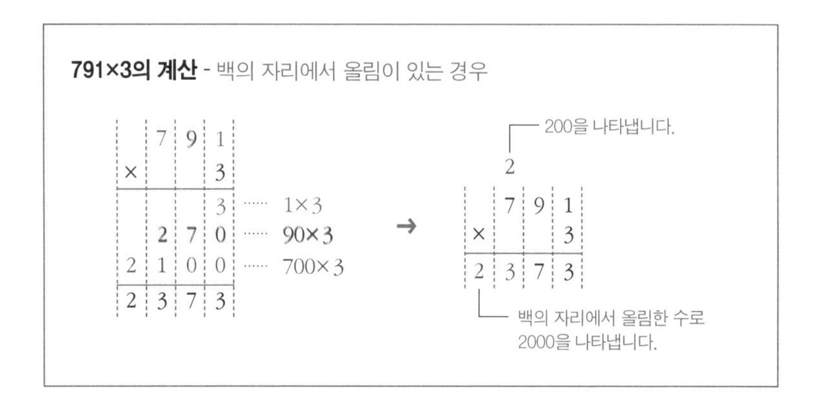

그리고 세 자릿수×한 자릿수도 할 수 있는지 확인해보면 좋다. 세 자릿수×한 자릿수를 두 자릿수×두 자릿수보다 먼저 배우지만 의외로 세 자릿수×한 자릿수를 어려워하는 아이들이 꽤 있다. 이미지처럼 순서대로 계산할 수 있는지 연습하는 것이 좋다.

맨 처음 내용을 설명할 때는 왼쪽에 있는 식으로도 설명시켜 보고, 오른쪽 식에서 7 위에 있는 2가 어떤 수인지, 왜 써주는지를 확인해 주고 설명할 수 있도록 해주면 된다. 그리고 백의 자리에서도 올림이 있어서 자릿수가 하나 더 늘어날 수 있다는 것도 꼭 이해시켜주면 좋다. 어떤 아이들은 이 식을 계산하는데 기초가 부족해서 7×3의 21, 9×3의 27, 1×3의 3을 그냥 이어 써서 21273이라고 답하기도 한다. 이렇게 되면 앞으로 나오는 곱셈 문제를 다 틀리게 될 테니 확실하게 이해시키고 넘어가야 한다.

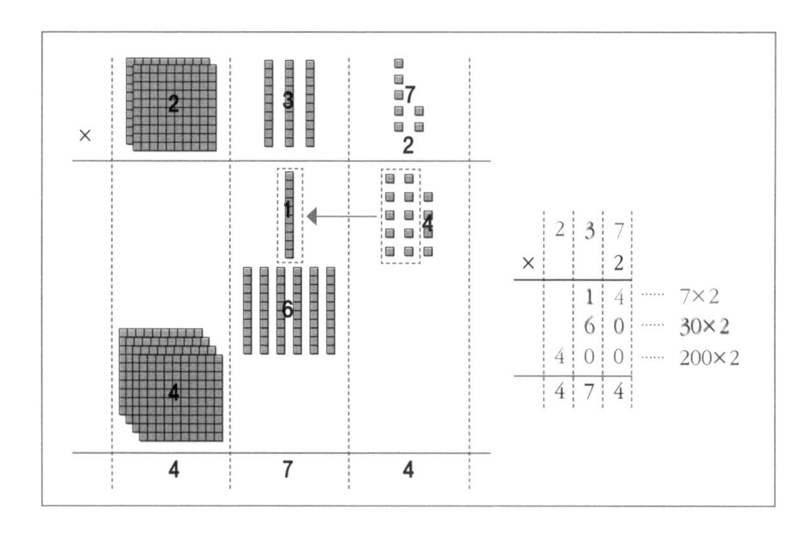

만약 받아올림에 대해 잘 이해하지 못한다면 앞에서 나온 내용을 다시 한번 봐야 한다. 세 자릿수×한 자릿수인데 왼쪽에 있는 그림으로도 설명할 수 있어야 하고, 오른쪽에 있는 식으로도 설명할 수 있어야 한다. 왼쪽 그림을 보면 일의 자리가 7×2=14여서 1개 한 묶음이 받아올림 된 것을 알 수 있다. 그래서 10의 자릿수가 3×2에서 1만큼 더 큰 7이 된다는 것도 설명할 수 있으면 좋고, 받아올림 계산을 할 때 어떻게 해야 하는지도 같이 물어봐주면 좋다.

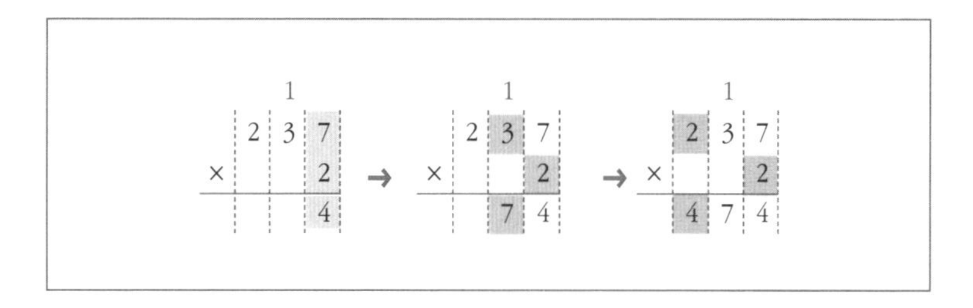

앞의 식에서 받아올림을 하는 과정을 한 번에 나타내준 게 이번 그림과 같은 식이다. 단순히 계산하는 과정만 암기하듯 하는 것이 아니라 앞에서 나온 것처럼 그림이나 원리에 대한 식을 이해한 후 간단하게 식을 쓰도록 연습시키는 것을 추천한다.

개념 3 초등학교 4학년 1학기 곱셈

세 자리 수와 두 자리 수의 일의 자리 수의 곱과 십의 자리 수의 곱을 각각 구하여 같은 자리끼리 더합니다.

㈎ 132×42의 계산

(1)계산 원리

$132 \times 2 = 264$　　$132 \times 40 = 5280$

$132 \times 42 = 264 + 5280 = 5544$

이번에는 4학년 1학기 곱셈에 대한 내용이지만 앞의 3학년 2학기 곱셈과 사실 내용 차이가 없다. 3학년 2학기 때는 세 자릿수×한 자릿수와 두 자릿수×두 자릿수를 배웠다면, 4학년 1학기 때는 세 자릿수×두 자릿수로 바뀐 것밖에 없다. 계산 과정이 조금 늘어나기는 하지만 자릿수가 바뀐다고 해서 원리가 바뀔까? 물론 그냥 암기한 학생들은 자릿수에 따라 다른 계산을 해야 한다고 생각한다. 하지만 이해하고 설명하면서 공부했다면 같은 원리라는 것을 알 거고, 큰 어려움 없이 설명할 수 있을 것이다. 물론 여기서의 식에서처럼 가로셈으로 계산하는 것은 어른들한테도 어려울 정도이지만, 세로셈으로 계산하는 건 쉽게 할 수 있다.

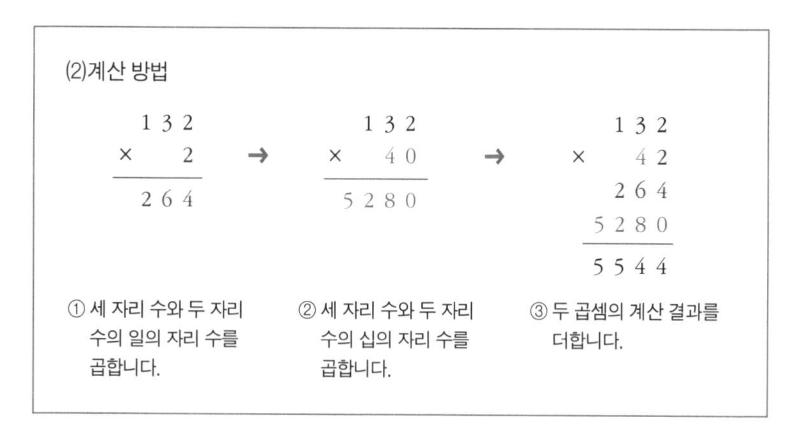

우선 세 자릿수 전체와 두 자릿수 중 일의 자릿수를 곱해야 한다. 132×2를 계산하면 된다. 다음은 세 자릿수 전체와 두 자릿수의 십의 자릿수를 곱해야 한다. 이때 4 뒤에 0을 써줘서 40을 쓰고 132×40을 계산해주고 더해준다. 그리고 이 식들을 합쳐서 하나의 식으로 만든 것이 가장 오른쪽 계산식이다. 순서를 제대로 이해하고 있는지 설명도 반드시 필요하다.

개념 4 초등학교 4학년 1학기 나눗셈

• 나머지가 있는 경우

몫이 두 자리 수인 경우는 나누는 수의 10배, 20배……의 값을 이용하여 몫의 십의 자리 숫자를 어림한 후 계산합니다.

예 576÷22의 계산

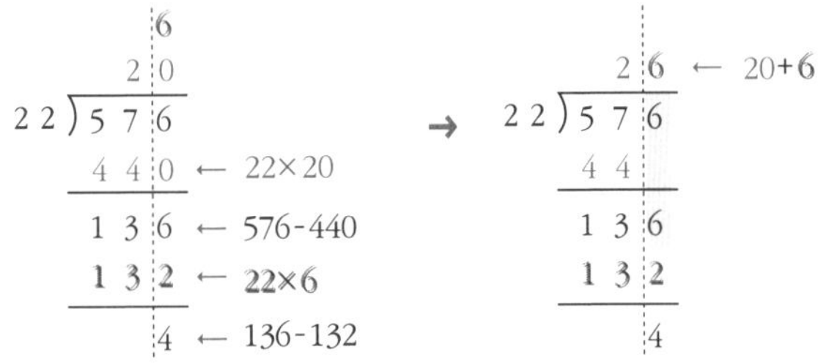

```
         6
       2 0
    ┌──────
22  ) 5 7 6
      4 4 0   ← 22×20
    ───────
      1 3 6   ← 576-440
      1 3 2   ← 22×6
    ───────
          4   ← 136-132
```

→

```
       2 6   ← 20+6
    ┌──────
22  ) 5 7 6
      4 4
    ───────
      1 3 6
      1 3 2
    ───────
          4
```

나눗셈식 576 ÷ 22 = 26 ··· 4

검산 22 × 26 + 4 = 576

이번 나눗셈에서도 앞에서 배운 나눗셈과의 차이는 나머지가 있는지 없는지이다. 앞에서 배운 나눗셈이 제대로 되었다면 문제를 푸는 데 큰 무리가 없다는 말이다. 만약 이 부분에서 설명하지 못하는 부분이 있다면 앞에서 배웠던 나머지가 없는 나눗셈을 먼저 복습해보고 설명시켜 본 후에 다시 도전해야 한다.

57 안에 22가 몇 번 들어갈까를 먼저 생각해보면 2번 들어간다. 자릿수까지 맞춰보면, 570 안에 22가 몇십 번 들어가는지를 구해보면 된다. 20번 들어가기 때문에 몫의 십의 자리에는 2를 써야 한다. 576 아래에는 440이

들어간다. 보통 이 부분에서 오른쪽 식과 같이 한꺼번에 간단히 나타낸 식을 보면 맨 뒤에 0은 생략해 주는 편이다. 440 또는 44를 채웠다면 576에서 440을 빼줘야 하고, 그러면 136이 나온다. 다음은 136 안에 22가 몇 번 들어가는지 보면 된다. 6번 들어가고, 계산하면 132가 된다. 최종적으로 136-132=4가 남는다.

이걸 가로식으로 표현해보면 576÷22는 몫이 26이고 나머지가 4라고 표현할 수 있다. 검산식으로 표현해보면 나뉜 수×몫+나머지는 원래 수이다. 22×26+4=576인 셈이다. 검산식까지 자유자재로 세울 수 있는지 확인해보고 설명시켜 보는 것이 좋다.

개념 5 초등학교 5학년 2학기 분수의 곱셈

대분수를 가분수로 바꾼 후 분자는 분자끼리, 분모는 분모끼리 곱합니다.

예 $2\frac{2}{3} \times 1\frac{1}{4}$ 의 계산

방법1 대분수를 가분수로 바꾸어 계산하기

$$2\frac{2}{3} \times 1\frac{1}{4} = \frac{\overset{2}{\cancel{8}}}{3} \times \frac{5}{\underset{1}{\cancel{4}}} = \frac{10}{3} = 3\frac{1}{3}$$

대분수×대분수를 설명하는 방법에 대한 팁을 알려드리려고 한다. 분수의 곱셈은 계산하는 방법이 여러 가지가 있다. 한 가지 방법만 알고 있다고 해서 되는 게 아니다. 나중에 다른 단원이나 개념에도 응용할 수 있으

니까.

먼저 대분수를 가분수로 바꿔서 계산하는 방법이 있다. 가장 많이 쓰는 방법이고, 익숙한 방법이다. $2\frac{2}{3}\times1\frac{1}{4}$을 계산할 때 둘 다 가분수로 고치면 $\frac{8}{3}\times\frac{5}{4}$가 된다. 그렇게 바꾼 후 진분수×진분수 계산과 같은 방법으로 곱셈 계산을 해주면 된다.

$\frac{2}{3}\times\frac{5}{6}$ 의 계산

방법1 분자는 분자끼리, 분모는 분모끼리 곱한 후 약분하여 계산하기

$$\frac{2}{3}\times\frac{5}{6}=\frac{2\times5}{3\times6}=\frac{\overset{5}{\cancel{10}}}{\underset{9}{\cancel{18}}}=\frac{5}{9}$$

그런데 진분수×진분수 계산을 할 때도 푸는 방법이 3가지나 있다. 이 3가지 중 어떤 방법이든 다 설명할 수 있어야 한다. 한 가지 방법만 하게 되면 응용 문제를 힘들어하거나, 중학교 올라가서 다른 방법의 풀이가 필요할 때 어려워한다.

첫 번째 방법은 분자는 분자끼리, 분모는 분모끼리 먼저 곱한 후 마지막에 약분하는 방법이다. 처음에 이해하기는 가장 쉬운 방법이지만, 문제를 풀다 보면 다시 약분하는 과정에서 시간이 걸리는 방법이기 때문에 숫자가 클수록 복잡해진다.

방법2 분자는 분자끼리, 분모는 분모끼리 곱하는 과정에서 약분하여 계산하기

$$\frac{2}{3} \times \frac{5}{6} = \frac{\overset{1}{\cancel{2}} \times 5}{3 \times \underset{3}{\cancel{6}}} = \frac{5}{9}$$

방법3 분자와 분모를 약분한 후 계산하기

$$\frac{\overset{1}{\cancel{2}}}{3} \times \frac{5}{\underset{3}{\cancel{6}}} = \frac{1 \times 5}{3 \times 3} = \frac{5}{9}$$

두 번째 방법은 분자는 분자끼리, 분모는 분모끼리 곱하기 식까지 써놓고 곱하기 전에 약분부터 하고 나서 곱하기 식을 마저 계산해 주는 방법이다. 세 번째 방법은 가장 빠른 방법이기도 하지만 충분한 이해를 하고 나서 쓸 수 있는 방법이다. 애초에 약분이 되는 수를 약분부터 하고 계산하는 것이다.

아이가 귀찮아서 하기 싫다고 할 수도 있다. 문제를 풀 수 있는데 왜 3가지 다 알아야 되냐고 할 수도 있다. 하지만 3가지 다 알아야 앞으로 정말 잘할 수 있다고 설득을 해 가면서 설명할 수 있도록 도와주는 게 좋다.

대분수를 가분수로 바꾼 후 분자는 분자끼리, 분모는 분모끼리 곱합니다.

예 $2\frac{2}{3} \times 1\frac{1}{4}$ 의 계산

방법1 대분수를 가분수로 바꾸어 계산하기

$$2\frac{2}{3} \times 1\frac{1}{4} = \frac{\overset{2}{\cancel{8}}}{3} \times \frac{5}{\underset{1}{\cancel{4}}} = \frac{10}{3} = 3\frac{1}{3}$$

이렇게 진분수×진분수까지 계산하는 방법을 설명하고 나면, 대분수×대분수의 방법 1번은 이해하고 있다고 생각할 수 있다.

방법2 대분수를 자연수 부분과 진분수 부분으로 나누어 계산하기

$$2\frac{2}{3} \times 1\frac{1}{4} = \left(2\frac{2}{3} \times 1\right) + \left(2\frac{2}{3} \times \frac{1}{4}\right) = 2\frac{2}{3} + \left(\frac{\overset{2}{\cancel{8}}}{3} \times \frac{1}{\underset{1}{\cancel{4}}}\right)$$
$$= 2\frac{2}{3} + \frac{2}{3} = 3\frac{1}{3}$$

다음은 대분수×대분수를 구하는 두 번째 방법이다. 많은 아이들이 이 방법으로 잘 하지 않아서 어려워하고, 이해를 못할 수도 있다. 하지만 이 풀이 방법은 중학교 1학년 때 배우는 분배법칙을 이해하는 데 도움이 많이 되는 방법이다. 그렇기 때문에 지금 실제로 계산에 많이 이용하지 않더라도 나중을 위해서라도 제대로 이해는 하고 넘어가야 한다.

두 개의 대분수 중 하나를 자연수 부분과 진분수 부분으로 나누어서 계산하는 것이다. $1\frac{1}{4}$을 1, $\frac{1}{4}$두 부분으로 분리해보면 $2\frac{2}{3}$가 1개 있고, $\frac{1}{4}$개가 더 있다는 의미이다. 이 말 그대로를 식으로 써보면 $2\frac{2}{3}\times 1+2\frac{2}{3}\times\frac{1}{4}$이 된다. 그러고 나서 $2\frac{2}{3}$에서 $\frac{8}{3}\times\frac{1}{4}$을 계산한 값을 더해주면 된다.

개념 6 초등학교 5학년 2학기 소수의 곱셈

• **1보다 큰 소수끼리의 곱셈**

예 1.9×2.5의 계산

방법1 분수의 곱셈으로 계산하기

$$1.9\times2.5=\frac{19}{10}\times\frac{25}{10}=\frac{475}{100}=4.75$$

방법2 자연수의 곱셈으로 계산하기

$$19\times25=475$$

$\frac{1}{10}$배 ↓ $\frac{1}{10}$배 ↓ $\frac{1}{100}$배 ↓

$$1.9\times2.5=4.75$$

1.9×2.5를 계산하는 방법은 보는 것처럼 두 가지가 있다. 앞에서 정말 지겹도록 이야기한 것이다. 두 가지 방법이 있으면 모두 설명시켜 봐야 한다! 첫 번째 방법은 소수를 분수로 바꿔서 계산한 것이다. 두 번째 방법은 자연수의 곱셈으로 바꿔서 계산한 것이다.

첫 번째 방법으로 풀 때는 아이가 어떤 개념을 알아야 할까? 앞에서 배웠던 소수를 분수로 바꾸는 것부터 물어봐야 한다. 그다음에는 결과를 소수로 써야 한다. 분수를 다시 소수로 바꾸는 방법도 알아야 한다. 여기서 또 한 가지 강조하고 싶은 게 있다. 소수의 곱셈을 배우기 전에 아이들이 신나게 분수의 곱셈 단원을 배우고 왔을 것이다. $\frac{19}{10}\times\frac{25}{10}$를 계산할 때 앞에서 기계적으로 외운 학생들은 자기가 뭘 하는지도 모르고 생각 없이 10과 25를 약분한다. 하지만 이 문제는 약분을 먼저 하면 복잡해지는 문제이다. 분수를 소수로 바꾸려면 분모를 어차피 10, 100, 1000과 같이 만들어줘야 하기 때문이다. 아이가 기계적으로 암기만 했는지, 아니면 제대로 이해하고 있는지 질문하기 딱 좋은 경우라고 할 수 있다.

두 번째 방법은 소수의 계산을 할 때 일반적으로 이용하는 방법이다. 이것도 마찬가지로 어떤 경우에 어떻게 쓰는지 정확하게 이해하고 있는지 확인하고 넘어가야 한다. 초등학교 3학년 때 배우는 19×25를 못하는 학생은 거의 없다. 그렇다면 5학년 때 배우는 이 문제와 3학년 때 배우는 자연수 곱하기 문제가 똑같은 원리라는 것만 이해하고 있으면 쉬울 것이다.

여기에 한 가지 개념만 더 알면 된다. 앞에서 배운 소수점 옮기는 내용을 설명할 수 있도록 해야 한다. $\frac{1}{10}$배가 되면 소수점은 왼쪽으로 한 칸, 10배가 되면 오른쪽으로 한 칸 움직인다는 것을 알아야 한다. $\frac{1}{10}$배가 두 번 곱해지면 그냥 $\frac{1}{10}$배가 아니라 $\frac{1}{100}$배가 된다는 것도 정확히 설명해야 한다. 실제로 이 부분이 제대로 되어 있지 않아서 아이들이 중학교 1학년 일차방정식을 풀 때 소수점과 괄호가 있는 계산을 정말 많이 틀린다. 각각의 개념들이 별개가 아니라 연결되어 있다는 걸 다시 한번 명심해야 한다.

1.59 × 1 = 1.59 1.59 × 10 = 15.9 1.59 × 100 = 159 1.59 × 1000 = 1590	곱하는 수의 0이 하나씩 늘어날 때마다 곱의 소수점이 오른쪽으로 한 칸씩 옮겨집니다.
159 × 1 = 159 159 × 0.1 = 15.9 159 × 0.01 = 1.59 159 × 0.001 = 0.159	곱하는 소수의 소수점 아래 자리 수가 하나씩 늘어날 때마다 곱의 소수점이 왼쪽으로 한 칸씩 옮겨집니다.

소수점 이동에 대해 간단하게 다시 보면, 10을 곱하면 소수점이 한 칸 오른쪽으로 옮겨진다. 100을 곱하면 두 칸이 옮겨진다. 그럼 당연히 1000을 곱하면 세 칸, 10000을 곱하면 네 칸이 옮겨진다는 것도 설명할 수 있어야 한다. 반대로 0.1 또는 $\frac{1}{10}$이 곱해지면 왼쪽으로 한 칸, 0.01이 곱해지면 왼쪽으로 두 칸 움직인다는 것과 소수점이 더 늘어나게 되었을 때의 응용도 할 수 있을 것이다. 학년이 올라갈수록 점점 더 복잡한 소수 계산이 나올 텐데 어떻게 변형되더라도 다 풀 수 있는 아이로 만들어야 한다.

8 × 4 = 32 0.8 × 0.4 = 0.32 0.8 × 0.04 = 0.032 0.08 × 0.04 = 0.0032	곱하는 두 수의 소수점 아래 자리 수를 더한 것과 결과 값의 소수점 아래 자리수가 같습니다.

여러 개가 한꺼번에 바뀌게 되더라도 제대로 풀 수 있을 것이다. 보통의 경우는 자연수끼리 곱한 다음 소수점 자릿수만큼 왼쪽으로 옮겨준다는 식으로 암기한다. 결론은 알고는 있어야 한다. 하지만 제가 항상 강조하는 것은 이해 없는 단순 암기는 독약이라는 것이다. 똑같이 패턴을 익히더라도 반드시 이해해야 하고, 상황이 바뀌고 문제가 바뀌더라도 적용시킬 수 있는 방법으로 공부해야 한다. 그리고 이해했는지 확인하기 위해서는 반드시 질문을 해서 설명할 수 있도록 해야 한다.

개념 7 초등학교 6학년 2학기 분수 나눗셈

두 분수를 통분한 후 분자끼리 나누어 떨어지지 않을 때에는 몫을 분수로 나타냅니다.

예 $\frac{2}{7} \div \frac{3}{5}$ 의 계산

$$\frac{2}{7} \div \frac{3}{5} = \frac{10}{35} \div \frac{21}{35} = 10 \div 21 = \frac{10}{21}$$

5학년 때는 분수의 곱셈에 대해서 배웠었고, 6학년 때는 분수의 나눗셈에 대해 배운다. 그런데 원리만 알면 분수의 곱셈과 똑같은 방법으로 할 수 있고, 자연수의 나눗셈과도 같은 방법으로 풀 수 있다. 하지만 대부분의 아이들은 새로운 단원이니 새롭게 공부하고 외운다. 우리 아이는 이렇게 공부하면 절대 안 된다.

혹시나 '우리 아이는 6학년이 아닌데?' 하고 패스하거나 가볍게 듣기만

하고 넘어가려고 한다면 잘못 생각하고 있는 것이다. 지금 알려드리는 내용들은 전반적인 흐름과 질문하는 노하우, 스킬들에 대한 것이지, 교과 내용에 대한 것이 아니다. 오히려 우리 아이가 배우지 않은 학년, 단원에서의 방법대로 따라 하고 연습하는 것이 더 효과적이다.

왜냐면, 우리 아이가 초등학교 3학년이고, 제가 초등학교 3학년 개념에 대해 수업하고 있다면, 고민해보지도 않고 제가 했던 방법 그대로 아이한테 적용해보려 하지 않을까요? 그렇게 되면 아이의 반응과 설명 정도에 따른 대응이 제대로 나오지 않는다. 제가 항상 하지 말라고 했던 주입식 교육이 되어버린 것이다. 개인적으로는 다른 학년의 내용을 잘 들어서 우리 아이 학년에 맞는 방법으로 바꿔가면서 연습하는 것을 추천한다.

자, 그럼 다시 개념으로 들어가 보면, 개념에 나온 것처럼 $\frac{2}{7} \div \frac{3}{5}$이라는 문제가 나오면 단순히 $\times\frac{5}{3}$로 바꿔서 계산하는 것만 기억하고 있을 것이다. 하지만 여러 가지 방법을 다 알고 있어야 된다고 앞서 강조했다. 보이는 내용에서는 분모를 똑같이 만들어서 나누어 줬다. 여기서 또 5학년 때 배웠던 개념을 한번 복습해 봐야 한다. 분모를 어떻게 똑같이 만들어 줄까? 5학년 1학기 때 약분과 통분 단원에서 통분하는 방법을 배웠을 것이다. 그리고 통분을 하려면 최소공배수 개념에 대해서 알아야 한다. 개념 하나를 설명하는 데 끌어내야 할 질문들이 정말 많다. 그렇기 때문에 어렸을 때부터 연습을 해야 한다. 계속 안 하다가 초등학교 5학년, 6학년 때, 아니면 중학생 때 갑자기 설명하는 방법으로 공부하려면 굉장히 힘들 수밖에 없다.

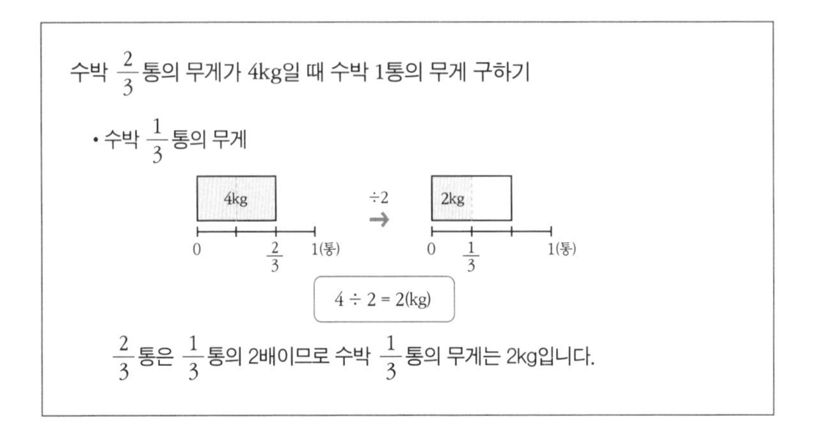

이번 개념은 많은 학생들이 어려워하는 부분이다. 계산식은 외울 수 있겠지만, 원리를 제대로 이해하는 학생들은 별로 없다. 유형을 요약해 보자면 다음과 같다. 쪼개진 수박의 무게가 4kg이었다. 이 수박은 전체의 $\frac{2}{3}$인데 쪼개지기 전 수박의 무게가 궁금하다는 내용이다. 일상생활에서 응용하기도 쉽고, 실제로 많은 아이들이 이해하기 어려워하기 때문에 문제로도 내기 쉽다. 대부분의 아이들은 이런 개념에 대해 배울 때 공식처럼 암기하면서 공부한다. 하지만 원리를 정확히 이해해야 응용 문제도 풀 수 있고, 스스로 생각할 수 있는 힘도 기를 수 있다.

그림의 예시를 보면, 수박 $\frac{2}{3}$통의 무게가 주어져 있다. 정말 안타깝게도, 대부분은 $\frac{2}{3}$만큼의 무게를 알았더라도 바로 1만큼의 무게를 계산하기 쉽지 않다. 그렇기 때문에 단순하게 바꿔주는 연습을 해야 한다. $\frac{2}{3}$를 그림으로 나타내 보면 전체를 3칸으로 나타낸 것 중 2칸이다. 이것을 2개로 나눠주면 $\frac{1}{3}$이 된다. 2칸에 4kg이었기 때문에 1칸은 2kg이라는 것을 쉽게 알 수 있다. 참 신기한 게 $\frac{2}{3}$, $\frac{1}{3}$로 생각하면 어렵던 것이 똑같은 것인데도 2칸, 1칸으로 생각하면 굉장히 쉬워진다. 이렇게 단순화해서 설명할 수 있는지 확인해주고, 연습시키는 것이 좋다.

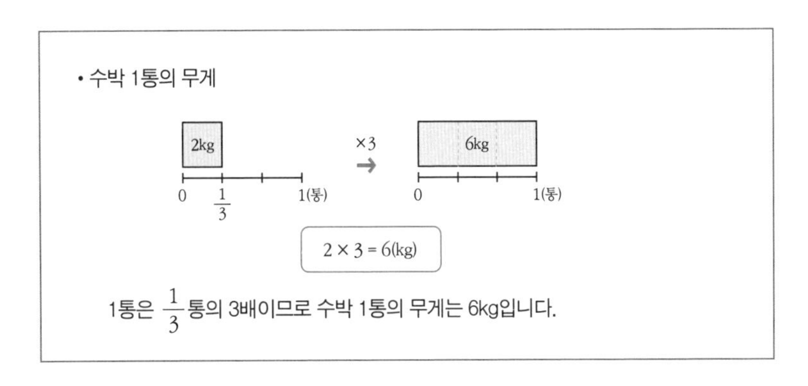

수박 $\frac{1}{3}$통에 해당하는 무게가 2kg이었다. 그리고 우리는 수박 1통의 무게가 궁금하다. 어떻게 해야 할까? 결국 1칸의 무게가 2kg이었고, 3칸의 무게가 얼마인지 묻는 것이다. 이제 초등학교 2학년 곱셈구구 문제가 되었다. 2×3=6이 된다. 복잡한 분수의 계산을 단순화하는 것만 이해하고 구구단으로 풀면 되는 거였다.

중학교와 고등학교에 올라가면 이렇게 문제를 단순화해서 푸는 것이 점점 더 중요해진다. 계산은 점점 복잡해지고 문제 풀 시간은 점점 줄어들고, 내용은 점점 어려워지기 때문이다. 단순화를 이해하려면 계산식만 반복해서 풀어서도 안 되고, 공식만 단순 암기해서도 안 된다. 그림을 이용해서 개념 설명이 나온 것들을 많이 볼 수 있다. 대부분은 '뭐야 그냥 그림이네?' 하고 넘어가겠지만, 그러면 안 된다. 계속 강조한 대로 실질적인 내용이 아니라 질문할 수 있는 노하우를 익혀서 유도 질문을 잘 해주고 아이가 스스로 설명할 수 있게끔 해주어야 한다. 6학년 내용이지만 사실은 2학년, 3학년 내용과 원리가 같다는 것을 아이가 느끼게 해줘서 간단하게 푸는 연습을 할 수 있도록 해주면 된다.

$2\frac{1}{4} \div \frac{5}{8}$ 의 계산

방법1 대분수를 가분수로 바꾼 후 통분하여 계산하기

$$2\frac{1}{4} \div \frac{5}{8} = \frac{9}{4} \div \frac{5}{8} = \frac{18}{8} \div \frac{5}{8} = 18 \div 5 = \frac{18}{5} = 3\frac{3}{5}$$

방법2 대분수를 가분수로 바꾼 후 분수의 곱셈으로 바꾸어 계산하기

$$2\frac{1}{4} \div \frac{5}{8} = \frac{9}{4} \div \frac{5}{8} = \frac{9}{\cancel{4}_{1}} \times \frac{\cancel{8}^{2}}{5} = \frac{18}{5} = 3\frac{3}{5}$$

이번에는 대분수의 나눗셈을 보자. 사실은 앞에서 배운 문제와 똑같다. 대분수를 가분수로 바꾸는 과정만 추가된 것이다.

분수의 나눗셈을 푸는 방법이 두 가지이다. 분모를 통분해서 분자끼리 나눠주는 방법과 분수의 곱셈으로 바꿔서 푸는 방법이다. 분수의 곱셈으로 바꿔서 푸는 방법은 나누기를 곱하기로 바꾸면서 분모, 분자의 수를 바꿔주면 된다. 대부분의 아이들은 방법 2번만 달달 외우겠지만, 우리는 두 가지 방법을 다 알고 있는 상태에서 유형에 따라 더 쉬운 방법으로 골

라서 풀도록 아이들에게 설명시켜봐야 한다. 자세한 계산 과정은 앞에서 공부한 것과 같다. 문제를 직접 풀어주는 것보다도 "이건 언제 어느 단원에서 배운 부분이다. 이 부분을 한 번 더 공부해보자."라고 아이에게 공부 방향을 제시해 주는 것이 훨씬 더 중요하다.

개념 8 초등학교 6학년 2학기 소수 나눗셈

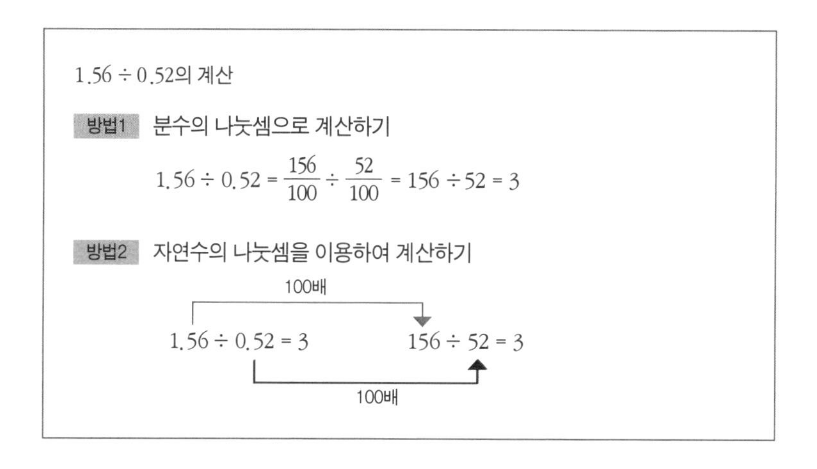

이번 개념 역시 푸는 방법이 여러 가지가 있다. 3가지 방법이 있는데, 대부분은 3번째 방법만 알고 있다. 어떤 방법인지는 잠시 후에 보면 바로 알 수 있을 것이다. 기본 원리이지만 잘 사용하지 않는 방법들에 대해 먼저 알아보고 왜 세 가지 방법 모두 알아야 하는지에 대해서도 알려드리겠다.

사실 방법1, 방법2는 앞에서 계속 강조한 단순화 방법으로 간단하게 만든 후 계산하는 것이다. 첫 번째 방법은 소수를 분수로 바꾼 후 다시 자연수의 나눗셈으로 바꿔서 계산한 것이다. 두 번째 방법은 소수를 100배씩 해서 자연수로 바꿔준 후에 자연수 나눗셈을 한 것이다. 자연수의 나눗셈은 초등 4학년 때 배운다. 같은 원리의 문제라는 것을 안다면 훨씬 쉽게 풀 수 있을 것이다.

방법3 세로로 계산하기

$$0.52\overline{)\,1.56\,} \rightarrow \begin{array}{r} 3 \\ 52\overline{)\,156} \\ 156 \\ \hline 0 \end{array}$$

세 번째 방법은 세로셈으로 나타내 주는 것이다. 기계적으로 가장 많이 이용하는 방법이기도 하다. 사실 오른쪽 식을 보면 첫 번째 방법, 두 번째 방법을 이해하고 있어야 소수점 자리를 이동해서 식을 세울 수 있다는 것을 알 수 있다. 하지만 세 번째 방법만 공부한 학생들은 왜 그런지 모르고 그냥 소수점 두 칸씩 옮기라고 하니까 옮겨서 계산한다.

이 상황이 언제 문제가 되냐면, 소수의 덧셈과 뺄셈을 이미 배웠을 텐데 소수 나눗셈을 배우고 나서 다시 소수의 덧셈과 뺄셈을 풀게 되면 많은 아이들이 혼란스러워한다. 나눗셈은 소수점 자리 이동을 하고 계산해도 되지만, 덧셈 뺄셈은 소수점 자리를 마음대로 이동하면 안 되고, 다시 원래대로 돌려놓아야 하기 때문이다. 그리고 나머지가 있는 문제를 풀 때도 나머지의 자릿수를 잘 못 맞춘다. 원리를 정확히 이해하고 푼다면 이런 문제들이 한꺼번에 해결된다.

```
        7.428
0.7 ) 5.2000
       4 9
      ------
       30
       28
      ------
        20
        14
      ------
         60
         56
      ------
          4
```

① 몫을 반올림하여 자연수로 나타내기
5.2를 0.7로 나눈 몫의 소수 첫째 자리 숫자가 4이므로 반올림하여 자연수로 나타내면 7입니다.
5.2 ÷ 0.7 = 7.4…… ➜ 7

이번 개념은 딱 떨어지지 않는 소수의 나눗셈이다. 5학년 때 배웠던 반올림 개념을 이용해서 답을 적는 방법에 대해서도 알아야 하는 부분이다. 문제 풀이에 대해 설명할 때 반올림에서 조심해야 할 부분에 대해서 설명했었다. 5.2÷0.7은 사실 52÷7을 푸는 것과 같다. 첫 번째로는 몫을 반올림해서 자연수로 나타내라고 했다. 어느 자리에서 반올림해야 할까? 소수 첫째 자리에서 반올림하면 된다. 7.428… 이렇게 나가고 있으니 4를 반올림해주면 7이 된다.

```
        7.428
0.7 ) 5.2000
       4 9
      ------
       30
       28
      ------
        20
        14
      ------
         60
         56
      ------
          4
```

② 몫을 반올림하여 소수 첫째 자리까지 나타내기
5.2를 0.7로 나눈 몫의 소수 둘째 자리 숫자가 2이므로 반올림하여 소수 첫째 자리까지 나타내면 7.4입니다.
5.2 ÷ 0.7 = 7.42…… ➜ 7.4

다음은 몫을 반올림해서 소수 첫째 자리까지 나타내라고 했다. 이번에도 아이에게 물어봐야 한다. “소수 몇째 자리에서 반올림해야 할까?” 아이가 소수점 둘째 자리에서 반올림해야 된다고 얘기하면 “그럼 얼마일까?” 하고 물어보면 된다. 답은 7.4이다.

```
        7.428
0.7 ) 5.2000
      4 9
      ----
       30
       28
      ----
        20
        14
      ----
         60
         56
      ----
          4
```

③ 몫을 반올림하여 소수 둘째 자리까지 나타내기
5.2를 0.7로 나눈 몫의 소수 셋째 자리 숫자가 8이므로 반올림하여 소수 둘째 자리까지 나타내면 7.43입니다.
$5.2 \div 0.7 = 7.428 \cdots\cdots \rightarrow 7.43$

같은 원리로 소수 둘째 자리까지 나타내라고 하면 어떻게 하면 될까? 7.428 중 소수 셋째 자리인 8을 반올림해보면 7.43이 된다. 방금 설명한 방법들은 같은 원리이다. 자릿수가 달라질 뿐, 몇째 자리까지 반올림하라고 한 것을 제대로 이해하고 구할 수 있으면 된다. 그리고 “반올림해서 소수 몇째 자리까지 구해라”와 “소수 몇째 자리에서 반올림해라”의 차이를 아이가 정확하게 설명할 수 있으면 된다. 한 가지를 설명시키더라도 여러 가지 상황에 따라 어떤 차이가 있는지 바꿔가며 물어봐주는 것이 좋다.

적어도 이 책을 다 읽었다면 자녀교육에 관심이 많은 분일 것이다. 하지만 현재까지 나온 대부분의 책들은 대다수의 평범한 학생들을 외면한 채 최상위권 학생들의 공부 방법에 대해서만 소개를 하고 있다. 그리고 아이가 스스로 공부할 수 있게 도와주는 방법을 배울 수 있는 학부모를 위한 교육 또한 거의 없다. 그동안 상담을 하면서 정말 안타까운 경우도 많았다. 사교육 없이 집에서 공부시켰지만, 잘못된 방법으로 오랫동안 공부시켜서 문제가 되어서 더 큰 대가를 치르는 분들도 정말 많았다. 잘못된 방법으로 아이 공부를 시키고 있었지만, 잘하고 있다고 착각하는 경우가 많아 특히 더 안타까웠다.

우리 아이들이 살아갈 시대는 부모 세대가 살아왔던 때와 많은 점에서 다르다. 부모 세대가 공부했던 이유 중 꽤 큰 부분은 '인생역전'이었다. 교과 공부만 잘하면 성공할 수 있는 시대였다. 하지만 아이들이 살아갈 시대에서 공부하는 이유는 하고 싶은 일을 하기 위함이며, 여러 가지 방법 중 하나의 선택지이다. 또한 교과 공부만 잘해서는 성공할 수 없다. 그리고 부모 세대의 주된 평가 내용은 단순 암기, 반복 훈련이었다면, 우리 아이들이 살고 있는 시대의 주된 평가 방법은 배운 내용을 현실에 어떻게 하면 적용할 수 있는지, 생각하는 것을 어떻게 설명하고 표현할 수 있는지, 얼마나 창의적인 사고를 할 수 있는지 등 종합적인 공부와 적용 능력을 요구한다. 이러한 시대의 변화에 빠르게 발맞춰서 하루라도 빨리 아이가 제대로 된 방법으로 공부할 수 있도록 교육해 주어야 할 것이다.

요즘은 정보의 홍수 시대이다. 정말 많은 정보 중에서 나에게, 우리 아이에게 꼭 필요한 정보를 찾고, 적용해보는 것 자체가 너무나도 어렵다. 수많은 정보들 사이에서 우리 아이들은 인공지능(AI)과도 경쟁해야 한다. 반대로 잘만 활용하면 굉장히 많은 도움이 되기도 한다. 이런 시대의 흐름에 발맞춰서 아니, 한발 더 앞서 나가는 방법만 알고 있어도 우리 아이는 앞으로 어떤 상황에서든 리더십과 경쟁력을 갖출 수 있다. 정말 안타깝게도 이 모든 것들을 아이 스스로 할 수는 없다. 부모님이, 엄마가 도와줘야만 제대로 할 수 있다.

이 책을 쓰게 된 주된 목적은, 방법을 몰라서 아이의 인생을 망가뜨리지 않도록, 자녀교육에 진심인 분들에게 도움이 되기 위함이다. 실제로 자녀교육에는 관심이 많지만, 과거 경험에서 빠져나오지 못해서 자녀교육에 실패한 분들이 너무나도 많다. 이분들 중 대부분은 지나고 나서 후회한다. 자녀교육을 제대로 할 수 있는 기회가 충분히 있었음에도 그 당시는 느끼지 못하다가 문제가 커지고 나서야 반성한다.

그래서 내가 경험했던 시행착오를 알려주고 간접 경험을 할 수 있게 해 드리고 싶다. 나의 도움을 받아 최대한 실패 없이 자녀교육에 성공할 수 있었으면 좋겠다. 내가 운영하고 있는 공부원동력연구소가 많은 분들께 도움이 될 수 있도록 현재도 부단히 노력하고 있고, 새로운 방법들도 계속해서 연구하고 있다. 더 나아가서 현재 사교육에 물들어 있는 대한민국의 교육 시스템 자체를 바꿀 수 있도록 끝까지 도전할 예정이다. 많은 분들이 나의 연구와 노하우를 배워서 적용해 보기를 바란다.